农作物高产与防灾减灾技术系列丛书

大豆

高产与防灾减灾技术

李海朝　主编

卢为国　主审

中原农民出版社

·郑州·

图书在版编目(CIP)数据

大豆高产与防灾减灾技术/李海朝主编.—郑州:
中原农民出版社,2016.1(2019.1 重印)
(农作物高产与防灾减灾技术系列丛书/张新友主编)
ISBN 978-7-5542-1358-2

Ⅰ.①大… Ⅱ.①李… Ⅲ.①大豆-高产栽培-栽培
技术 Ⅳ.①S565.1

中国版本图书馆 CIP 数据核字(2015)第 316069 号

出版社: 中原农民出版社

　　　(地址:郑州市经五路 66 号　电话:0371—65751257
　　　邮政编码:450002)

网址: http://www.zynm.com

发行单位: 全国新华书店

承印单位: 河南安泰彩印有限公司

投稿信箱: DJJ65388962@163.com　　　**交流 QQ:** 895838186

策划编辑电话: 13937196613

邮购热线: 0371-65724566

开本: 890mm×1240mm　　　　　A5

印张: 7.75

字数: 211 千字

版次: 2016 年 5 月第 1 版　　　　　**印次:** 2019 年 1 月第 2 次印刷

书号: ISBN 978-7-5542-1358-2　　　**定价:** 25.00 元

　　本书如有印装质量问题,由承印厂负责调换

序

农业是人类的衣食之源、生存之本。人类从诞生之日起,就始终在追求食能果腹、更好满足口舌之需。漫长的一部人类发展史,可以说就是一部与饥饿斗争的历史。即使到了今天人类社会物质财富极大丰富的时期,在地球上的许多角落,依然有大量人口处于饥饿和营养不良的状态,粮食危机的阴影始终笼罩在人类社会之上。对于我国这样一个人口众多的大国,粮食的安全问题更是攸关重大。

党的十八大以来,习近平总书记高度重视粮食问题,多次强调:"中国人的饭碗任何时候都要牢牢端在自己手上。""我们的饭碗应该主要装中国粮。""一个国家只有立足粮食基本自给,才能掌握粮食安全主动权,进而才能掌控经济社会发展这个大局"。当前,我国经济发展已经进入新常态,保障国家粮食安全面临着工业化、城镇化带来的粮食需求刚性增长、资源环境约束不断强化、国际市场挤压等诸多新挑战,保持粮食生产的良好发展态势、解决好 13 亿多中国人的饭碗问题,始终是治国理政的一件头等大事,任何时候都不能放松。

科学技术是第一生产力,依靠科技进步发展现代农业,是我们党一以贯之的重要方针。持续提升农作物品质和产量,保障粮食稳产增产、提质增效更是离不开农业科学技术的引领与支撑。一方面是通过推动农业科技创新,利用培育优良新品种、改进栽培生产技术等科技手段,深入挖掘农作物增产潜力,不断提高农作物单产来达到粮食总产量的提升;另一个重要的方面则是研究自然灾害以及病虫害的形成规律,找到针对性防范措施,减少各种灾害造成的损失,以此达到稳步提升产量的目的。

农作物生长在大自然中,无时无刻不受气候条件的影响,因此农业生产与气象息息相关。风、雨、雪、雹、冷、热、光照等气象条件对农业生产活动都有很大的影响。我国是一个地域广阔的农业大国，气候条件复杂多变，特别是在我国北方区域，随着温度上升和环境变化，在农业生产过程中，干旱、洪涝、冰雹和霜冻等各种自然灾害近年来发生的频次和强度明显增加。极端气候和水旱灾害的频繁发生严重威胁着粮食的稳定生产，已经是造成我国农产品产量和品质波动的重要因素，其中干旱、洪涝灾害的危害非常重，其造成的损失占全部农作物自然灾害损失的70%左右。面对频繁发生的自然灾害，生产上若是采取的防控应对技术措施不到位或者不当，会造成当季农作物很大程度减产，甚至绝收。为此，利用好优质高产稳产和防灾减灾技术进行科学种田是关键。

近年来，国家高度重视和大力支持农业科技创新工作，一大批先进实用的农业科研成果广泛应用于生产中，取得了显著成效。为了使这些新技术能够更好地服务于农业生产，促进粮食生产持续向好发展，我们组织河南省农业科学院、河南农业大学有关专家、技术人员系统地编写了"农作物高产与防灾减灾技术系列丛书"。本套丛书主要涵盖小麦、玉米、水稻、花生、大豆、芝麻、油菜、甘薯、棉花9种主要粮油棉作物，详细阐释了农业专家们多年来开展科学研究的技术成果与从事生产实践的宝贵经验。该丛书主要针对农作物优质高产高效生产和农业生产中自然灾害的类型、成因及危害，着重从品种利用、平衡施肥、水分调控、自然灾害和病虫草害综合防控等方面阐述技术路线，提出应对策略和应急管理技术方案，针对性和实用性强，深入浅出，图文并茂，通俗易懂，希望广大农业工作者和读者朋友从中获得启示和帮助，全面理解和掌握农作物优质高产高效生产和防灾减灾技术，提高种植效益，为保障国家粮油安全做出积极贡献。

中国工程院 院士

河南省农业科学院 院长 研究员

前　　言

　　大豆是我国主要农作物之一,豆制品是人们日常生活中不可或缺的食物来源。但是,随着人们生活水平的不断提高,大豆需求量迅速增加,目前已经成为我国进口量最大的农产品,2013 年进口量达到6 380 万吨,而同年我国的大豆总产量只有 1 250 万吨。因此,稳定大豆生产,对我国的食品安全的重要性不言而喻。

　　近年来,我国大豆科研水平不断提高,大豆品种的产量水平、品质质量、抗逆性等明显提高。同时,大豆的生产规模、种植方式也发生了很大变化。主要体现在机械化程度不断提高,农药、化肥、除草剂等的使用,推动了大豆产量的进一步提高。然而,与小麦、玉米等作物相比,我国大豆单产水平提高缓慢,其中的原因是多方面的,包括自然、生态条件等方面的影响,科研投入的差异,政府和农民的重视程度,新技术普及程度等。其中,新品种、新技术的普及是最后也是最重要的环节。因为,只有做好科普工作,让农民了解并正确运用新技术,选择新品种,才能真正发挥科技的作用。

　　化肥、农药、植物生长调节剂的广泛应用,促进了我国大豆产量水平的提高,但生产上错用、误用、过量使用时有发生,不仅对大豆本身的生长发育造成了危害,也对环境造成了污染,还对大豆的食品安全造成了严重影响;随着世界性气候的变暖,病虫危害加重,新生病虫害也随之发生、蔓延;高温干旱、湿涝、冰雹、雾霾等自然灾害发生的频率更加频繁,农作物的生长环境更加严峻,对农业生产的影响日趋严重,大豆也不例外。

　　中原农民出版社与农民联系紧密,非常重视科普工作。希望能够与我们一起合作,编写一本贴近生产的介绍科研新成果的科普书,推动新品种、新技术的普及应用。据此,我们查阅有关资料,编写了

《大豆高产与防灾减灾技术》一书。重点是概述生物因素(病害、虫害、杂草)和非生物因素(温度、水分、大气污染)对大豆生产的影响及应对措施。同时考虑到现代农民的基础知识已经大大提高,很多土地承包者希望开阔眼界,本书概述了我国大豆的栽培历史、产区分布及经济地位、大豆的生物学特征特性等内容。本书的规划始于2013年年初,2013年5月拿出编写提纲,经过编写人员一年多的努力,完成了本书的编写、审稿和定稿工作。

本书编写的指导思想既有一定的理论基础,又通俗易懂、易用,力求体现科学性、系统性、现实性和实用性。本书不仅可以作为大豆种植人员的具体指导用书,也可作为农业推广人员、农业大专院校师生的阅读参考用书。但由于编写人员的水平所限,本书难免存在缺点、错误和不足,深切希望广大读者批评指正。

本书在编写过程中得到了中原农民出版社和同行专家、植保专家的大力支持,在内容设置、技术推荐等方面进行了具体的指导,有的在参考文献中作了标注,有的可能没有明确,在此一并向对本书有所帮助的各位表示真诚的感谢。

编者

2016年1月

目　录

■ **第一章　我国大豆生产发展历程与前瞻** …………… 1

第一节　我国大豆的生产历史变化及大豆产品的
　　　　进出口贸易 …………………………… 2
第二节　我国大豆生产区域分布及其特点 ………… 11
第三节　大豆栽培制度及其发展 …………………… 14
第四节　影响大豆生产发展的不利因素 …………… 19
第五节　我国大豆产业发展的对策思路 …………… 23

■ **第二章　大豆的生物学特点及环境影响** ………… 28

第一节　大豆生长发育阶段的划分 ………………… 29
第二节　大豆的形态特征 …………………………… 30
第三节　大豆类型 …………………………………… 36
第四节　大豆的生育特点 …………………………… 39
第五节　自然环境与大豆生长 ……………………… 43

■ **第三章　大豆高产栽培理论与实践** ……………… 47

第一节　大豆高产的基础 …………………………… 48
第二节　大豆高产栽培技术 ………………………… 61

第四章　大豆生理性病害发生及防治 …………………… 81

第一节　大豆生长发育所需的营养元素 …………… 82
第二节　大豆营养缺乏症及防治 …………………… 85

第五章　低温对大豆生长发育的影响与防救策略 ……

94

第一节　低温对大豆生长发育的影响 ……………… 95
第二节　大豆低温灾害的防救策略 ………………… 100

第六章　高温对大豆生长发育的影响与防救策略 ……

104

第一节　持续高温对大豆萌发、开花期花粉的影响 … 105
第二节　大豆成熟期持续高温对子粒的影响 ……… 106
第三节　高温防救措施 ……………………………… 106

第七章　干旱对大豆生长发育的影响及防救策略 ……

108

第一节　干旱对大豆生长发育的危害 ……………… 109
第二节　干旱的防救策略 …………………………… 114

第八章　涝渍对大豆生长发育的影响及防救策略 ……

122

第一节　涝渍危害的原因 …………………………… 123
第二节　涝渍对大豆生长发育的影响 ……………… 125
第三节　涝渍的防救策略 …………………………… 127

第九章　盐碱对大豆生长的影响及防救策略 …… 132

第一节　盐碱的类型与分布 ……………………… 133
第二节　盐碱的成因 ……………………………… 134
第三节　盐碱对大豆的影响 ……………………… 137
第四节　盐碱灾害的防救策略 …………………… 139

第十章　大豆常见病虫害的发生与防治 ………… 143

第一节　大豆常见病害的发生与防治 …………… 144
第二节　大豆常见虫害的发生与防治 …………… 162

第十一章　大豆田间杂草 ………………………… 189

第一节　禾本科杂草 ……………………………… 190
第二节　一年生阔叶杂草 ………………………… 196
第三节　多年生阔叶杂草 ………………………… 203
第四节　莎草科杂草 ……………………………… 207

第十二章　其他因素对大豆的危害与防救策略 … 210

第一节　粉尘对大豆的危害与防救策略 ………… 211
第二节　废气对大豆的危害与防救策略 ………… 212
第三节　废液对大豆的危害与防救策略 ………… 214
第四节　恶劣天气对大豆的危害与防救策略 …… 215
第五节　野兔对大豆的危害与防救策略 ………… 218

第十三章　大豆田常用农药使用及药害防治 ⋯⋯ 219

第一节　大豆常用农药的科学使用 ⋯⋯⋯⋯⋯⋯⋯ 220
第二节　大豆药害防治 ⋯⋯⋯⋯⋯⋯⋯⋯⋯⋯⋯ 227

参考文献 ⋯⋯⋯⋯⋯⋯⋯⋯⋯⋯⋯⋯⋯⋯⋯ 230

第一章

我国大豆生产发展历程与前瞻

本章导读： 本章从宏观角度讲述了我国大豆生产的历史沿革和现状，包括种植面积、总产、单产、种植模式以及区域特点，并提出了发展大豆生产的建议。

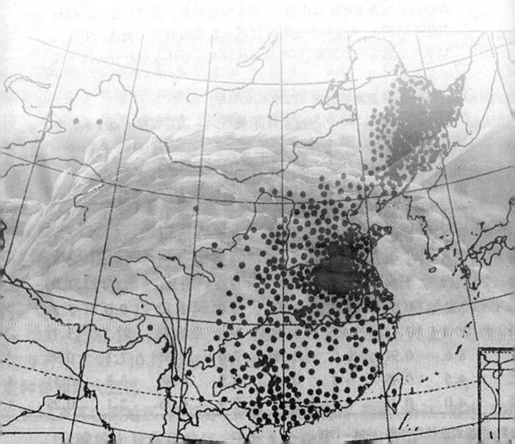

第一节

我国大豆的生产历史变化及大豆产品的进出口贸易

一、我国大豆生产的发展变化

1949 年以来,粮食问题一直是中国农业发展的主要问题。大豆在中国被列为主要粮食作物,并纳入国家种植计划进行生产。但与其他作物相比,大豆单产相对比较低且长期没有较大突破。中国大豆生产虽然有一定发展,但产量起伏较大。总体发展可分为以下几个阶段:

(一)恢复发展时期（1950~1957 年）

这一时期,新中国刚刚成立,百业待兴。随着农村土地改革政策的逐步深入和合作化运动的正常发展,广大农民的农业生产积极性空前高涨。当时大豆的单产虽然低于玉米,但销售价格却远远高于玉米,种植大豆比较效益较高。此外,各地普遍推广了地方良种,加强田间管理,大豆单产提高速度也较快。到 1957 年,中国的大豆种植面积扩大到了 1 274.8 万公顷,比 1949 年增长了 53%;每公顷产量由 615 千克提高到了 788 千克,增长了 28%;大豆总产量 1 005 万吨,比 1949 年增长了 97.4%。

(二)停滞下滑时期（1958~1978 年）

1958 年以后,由于粮食供应紧张,粮食生产强调单产的提高,于是单产较低的大豆种植面积被大量压缩,玉米、甘薯等高产作物种植面积迅速扩大。进入 20 世纪 70 年代,由于化肥、良种等现代农业技术的逐步推广,玉米单产提高很快,而大豆单产却停滞不前。在大豆主产区,种1公顷玉米的收益相当于种2公顷大豆的收益,而且种其他经济作物,国家按经济政策有物质奖励,如种其他油料作物,国家收购后还返还油饼,但种植大豆却没有这种奖励政策。受价格和政策双重扭曲的影响,各地在大豆种植中普遍出现品种推广缓慢、种植粗放的现象。到1978年,大豆播种面积只剩下714.4万公顷,比1957年减少了560.4万公顷,下降幅度达到了44%。在这20多年时间里,大豆单产提高不大,致使大豆总产量在600万~800万吨徘徊,到1978年大豆总产量仅为757万吨,减产幅度高达24.7%,城市居民"吃豆难"的问题随之产生。

(三)快速增长时期 (1979~1990 年)

大豆产需之间出现的突出矛盾,引起了政府的高度关注。随着农村家庭联产承包责任制的实行和推广,从1979年开始,国家又大幅度提高大豆价格。1979年国务院决定把大豆收购价格由20.06元/50千克提高到23.06元/50千克,1981年又提高到34.5元/50千克(取消超购加价)。所有这些政策措施调动了农民种植大豆的积极性,加上各地大面积推广大豆高产栽培技术,使大豆生产得到了迅速恢复和发展。这期间,大豆种植面积有所扩大,总产、单产水平也得到了较大提高,大豆总产量在900万~1160万吨。不同年份间有波动,1985年达到1050万吨,1987年再创新高,达到了1247万吨的最高水平,1990年回落到1100万吨,但仍比1978年增长了45.3%。

(四)波动增长时期 (1991~1999 年)

进入20世纪90年代后,中国的大豆总产量出现了明显的增减交替的趋势,基本上是呈现"两年高两年低"的周期性特征。1990年大豆总产量1110万吨,比1989年增加了87.2万吨,增长了8.5%。1991年大豆总产量988.7万吨,1992年为1042.4万吨,产量都低于1990年。1993年、1994年的产量大幅度提高,比1978年翻了一番还多。1993年为1531万吨,1994年为1599.9万吨,到1995年降为1350.4万吨,减产249.5万吨,降幅为15.6%;1996年继续减少,降到 1 322 万吨,比 1995 年减少 28.4 万吨,降幅为 2.0%。大豆减产后供求缺口增大,难以满足国内市场需求,不得不用扩大进口来平衡国内市场的供求矛盾。进入 1997 年后,大豆产量又恢复到 1 437 万吨的水平,大豆产量比 1990 年提高了 34.0%。1998 年则进一步提高到 1 515 万吨,1999 年大豆产量又降低至 1 425 万吨。

(五)缓慢增长时期（2000~2005 年）

在大豆进口量急剧增加的情况下,从 2000 年开始,中国大豆的种植面积增加明显,2000 年达到 931 万公顷,比 1999 年增长了 16.9%,尽管单产降低了,但大豆总产量达到 1 541 万吨,增长了 8.1%。2004~2005 年的大豆种植面积已接近 960 万公顷,是 1965 年以来的最高值,而 2004 年的大豆总产量达到 1 740 万吨,成为历史最高纪录(图 1 - 1)。

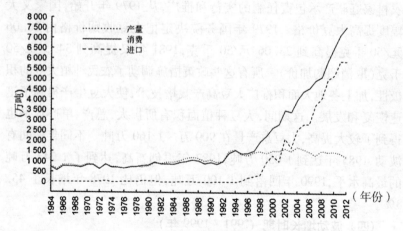

图 1 - 1　中国大豆产量、消费和进口量变化

(六)再次停滞下滑期（2006 年至今）

2006~2010 年,我国大豆种植面积在 850 万~910 万公顷徘徊,总产量维持在 1 500 万吨上下。2011 年以后,由于玉米价格大幅度上升,大豆大量进口,国内大豆价格徘徊不前,与种植玉米相比,种植大豆比较效益低,导致大豆种植面积持续下降。2013 年,全国大豆种植面积降至 650 万公顷,总产量降至 1 250 万吨。

二、我国大豆生产发展的特征

(一)大豆在粮食生产中的比重相对下降

大豆作为粮食作物的一种,在 20 世纪 50 年代初,其产量占粮食总产量的 6% 左右。1979 年这个比例降到最低水平,几乎下降到2%。中国为了解决亿万人民的温饱问题,千方百计地提高粮食作物的单位面积产量。由于大豆不仅单产低,而且盈利性较差,在与其他粮食作物的竞争中处于劣势地位。进入 20 世纪 80 年代以来,大豆比重虽有回升,但始终在 3% 左右徘徊。

(二)大豆播种面积波动频繁

中国的大豆播种面积在 20 世纪 50 ~ 60 年代起伏不定,其中1957 年的大豆播种面积创历史最高纪录,达到 1 275 万公顷。随后播种面积不断减少,到 1978 年只有 714 万公顷,然后又小幅回升,1987 年增加到 845 万公顷。之后大豆播种面积又开始减少,到 1991年达到历史最低值 704 万公顷。20 世纪 90 年代的大豆播种面积年际

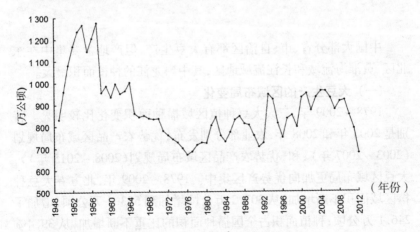

图 1 - 2　中国大豆播种面积波动

间波动较大,2000 年起的大豆播种面积超过 900 万公顷,2004 ~ 2005

5

年已经接近960万公顷(图1-2)。大豆播种面积在20世纪50~80年代的波动是政治因素造成的,然而20世纪90年代和21世纪初大豆播种面积的变动是由不同作物的市场价格变动引起的。

(三)单产增加缓慢

人们一般将大豆视为一种低产作物,而单产的增长非常缓慢。1949年中国的大豆单产量只有613千克/公顷。1980年大豆单产达到1.1吨/公顷,1990年达到1.46吨/公顷。1996年后大豆每公顷产量基本维持在1.77~1.80吨的水平上,2012年为2.03吨/公顷,创历史最高纪录。

1970年以前,所有粮食作物的单产增长幅度都不大,但是,随着化肥和绿色革命所带来的两种现代科技投入的不断增加,水稻、小麦和玉米的单产均有了大幅度的提高。2004年水稻、小麦和玉米的单产分别比1970年增长了85.3%、268%和242%,而同一时期大豆单产仅增长了64.9%。

三、我国大豆生产的区域变化

中国大部分省、市、自治区都有大豆生产,但产地主要集中在东北区、黄淮海流域和长江流域地区,其中黑龙江的种植面积最大。

(一)大豆生产的区域布局变化

1978~2009年,三大大豆种植区域播种面积变化比较明显。特别是2003年和2008年,农业部分别发布《优势农产品区域布局规划(2003~2007年)》和《优势农产品区域布局规划(2008~2015年)》,大豆区域布局更加向优势产区集中。1978~2009年,北方春大豆种植区域面积不断增加,从307.3万公顷增加到553.4万公顷,增加了246.1万公顷;种植面积占全国播种面积的比重不断增加,从39.4%增加到60.2%,提高了20.8%。黄淮海春夏大豆种植区域面积不断减少,从313.2万公顷减少到250.8万公顷,减少了62.4万公顷;种植面积占全国播种面积的比重不断下降,从43.8%降到27.3%,下降了16.5%。南方多作大豆种植区域面积略有减少,从120.1万公顷减少到114.9万公顷,减少了5.2万公顷;种植面积占全国播种面积的比重不断下降,从16.8%降到12.5%,下降了4.3%。

在大豆播种面积不断"北上"的同时,大豆产量也随之"北上"。1978～2009年,北方春大豆种植区产量不断增加,从342.5万吨增加到844.8万吨,增加了502.3万吨;产量占全国总产量的比重不断增加,从45.2%增加到56.9%,提高了11.7%。黄淮海春夏大豆种植区产量不断增加,从278.0万吨增加到414.3万吨,增加了136.3万吨;但产量占全国总产量的比重不断下降,从36.7%降到27.9%,下降了8.8%。南方多作大豆种植区产量不断增加,从136.5万吨增加到226.1万吨,增加了89.6万吨;但产量占全国总产量的比重不断下降,从18.0%降到15.2%,下降了2.8%。

(二)大豆单产中心"南下"趋势明显

1978～2009年,随着家庭联产承包责任制的实施以及农业科技的不断进步,我国大豆单产不断提高,从1 059.8千克/公顷提高到1 616.3千克/公顷,提高了556.5千克/公顷,最高单产甚至在1999年达到了1 836.0千克/公顷。从三大区域来看,北方春大豆种植区单产最高,平均单产为1 584.8千克/公顷;南方多作大豆种植区单产次之,平均单产为1 514.3千克/公顷;黄淮海春夏大豆种植区单产最低,平均单产为1 424.3千克/公顷。从历史发展趋势看,大豆单产增产中心有明显"南下"趋势。1978～2009年,南方多作大豆种植区单产从1 136.3千克/公顷增加到1 968.8千克/公顷,提高了832.5千克/公顷;黄淮海春夏大豆种植区单产从888.0千克/公顷增加到1 651.5千克/公顷,提高了763.5千克/公顷;北方春大豆种植区单产从1 218.8千克/公顷增加到1 526.3千克/公顷,提高了307.5千克/公顷。

(三)区域内大豆向优势省份集中明显

1978～2009年,在三大区域内,大豆向优势省份集中趋势明显(表1-1)。从北方春大豆种植区看,大豆向黑龙江省集中明显。1978～2009年,黑龙江省大豆播种面积占北方地区的比重从56.1%增加到

72.4%,提高了 16.3%;产量从 62.0%增加到 70.1%,提高了 8.1%。从黄淮海春夏大豆种植区看,大豆向安徽省集中明显。1978～2009 年,安徽省大豆播种面积占黄淮海地区的比重从 22.2%增加到 38.7%,提高了 16.5%;产量从 13.3%增加到 30.1%,提高了 16.8%。从南方多作大豆种植区看,大豆向四川省集中明显。1978～2009 年,四川省大豆播种面积占南方地区的比重从 16.7%增加到 19.3%,提高了 2.6%;产量从 19.8%增加到 22.3%,提高了 2.5%。

表 1－1 1978～2009 我国大豆布局区域变化

年份	黑龙江占北方地区比重(%)		安徽占黄淮海地区比重(%)		四川占南方地区比重(%)	
	播种面积	产量	播种面积	产量	播种面积	产量
1978	56.1	62.0	22.2	13.3	16.7	19.8
1985	66.4	64.2	20.6	17.6	14.6	20.8
1990	64.8	63.5	17.7	13.7	13.7	18.9
1995	67.0	70.5	15.5	13.3	12.1	15.7
2000	62.8	62.4	22.1	17.4	10.3	12.7
2005	68.5	66.1	32.2	23.6	13.6	17.2
2009	72.4	70.1	38.7	30.1	19.3	22.3

《中国农村统计年鉴》。

四、我国大豆产品的进出口贸易

(一) 大豆的进出口

我国曾经是大豆出口大国,其中出口量居世界首位。1929 年大豆出口量达到 170 万吨,占当时世界大豆出口量的 85%。新中国成立后的 20 世纪 50 年代,大豆年平均出口量在 100 万吨以上,1959 年达到 177 万吨。随后由于生产量徘徊并下降,到 1977 年仅出口 13 万吨。改革开放以后,中国开始恢复大豆出口,1985～1991 年,大豆出口量都在 100 万吨左右。然而进入 1992 年以后,大豆出口量开始减少。到 1996 年,大豆出口量下降到 19 万吨,且大豆进出口贸易发生逆转,出现进口量大于出口量的现象,净进口量达到 92 万吨。由此开始,大豆进口量急剧增加,我国成为世界主要的大豆净进口国。进入 21 世纪以后,大豆出口量在 20 万~30 万吨,2005 年达到 40 万吨,但进口量增加迅猛,2000 年达到 1 000 多万吨。从 2002 年起,大豆进口量已经超过了国内大豆生产总量,2013 年大豆的进口量达到了 6 338 万吨,是当年国内大豆产量的 5.07 倍。

我国出口的是蛋白质含量较高的非转基因大豆,主要销往日本、韩国、朝鲜、印度尼西亚、马来西亚及欧盟的一些国家。进口大豆基本上来自美国、巴西和阿根廷,基本上是转基因大豆。

(二) 豆粕的进出口

豆粕是大豆榨油后的产品,中国既是世界上第四大豆粕生产国,也曾经是世界上豆粕产品的主要出口国。1995 年以前,中国的豆粕一直是净出口,1991 年的豆粕净出口达到 269 万吨,1993 年净出口量最少,也达到 46 万吨。但随着中国养殖业的高速发展,豆粕的需求量急剧增加,国内生产的豆粕已经远远满足不了国内畜牧业发展

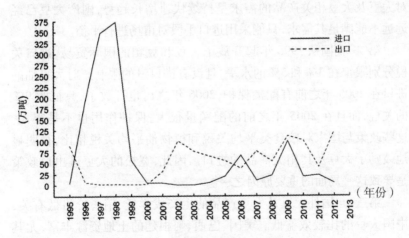

图 1-3 我国豆粕进出口变化

的需要,于 1996 年开始发生了重大的转折,中国由豆粕净出口国变为豆粕净进口国。1996 年豆粕的净进口量为 181 万吨,1997 年急剧

增加到345万吨,1998年达到历史最高水平372万吨。如此大批量的豆粕连续进口,直接导致了国内豆粕价格的持续下滑。为了降低国内榨油企业的损失,政府恢复了对豆粕进口征收13%的增值税。这一政策直接导致了豆粕进口量的减少,1999年豆粕净进口量为56万吨,大约为1998年的1/7。2000年起,中国大量进口大豆,使国内的豆粕产量急剧增加,就不再进口豆粕了(图1-3)。

和大豆进出口一样,中国的豆粕出口到韩国、日本、马来西亚、菲律宾等亚洲国家和中国香港地区,进口的豆粕则来自美国、巴西和阿根廷等。

总体来看,中国的大豆及大豆产品的进出口形势非常严峻。从1996年开始,中国在大豆和豆粕产品上是全面进口的。近年来,虽然豆粕已不是净进口的局面,但大豆的进口量很大,已经是国内大豆生产量的数倍。造成这种局面的原因有:

第一,随着国内经济的发展和居民生活水平的提高,对大豆及相关产品的需求急剧增长。我国的大豆产量总体上是稳定发展的,但由于经济的发展,人们对豆油、豆粕等豆制品的需求不断增加,市场对大豆及大豆相关产品的需求呈持续快速增长趋势,国产大豆已经远远不能满足其需求,只能采用进口手段对市场进行平衡。

第二,我国从1996年起开放了大豆和豆粕的国际贸易,进口关税分别限定在3%和5%的水平,且没有进口量的限制。对大豆油的进口在2005年之前有配额保护,2006年之后也开放了,只征收9%的关税,而且在2005年之前的配额量很大,保护作用也不是很大。这些政策与国家对粮食类平均关税和植物油平均关税相比,很明显地鼓励了大豆及其相关商品的进口。因此,宽松的大豆进出口政策是导致这一局面的重要原因之一。

第三,与国外大豆及大豆产品的生产成本低、销售价格低有关,中国大豆的比较效益低。美国、巴西、阿根廷的土地资源丰富,尤其是美国,户均大豆种植面积达到150公顷,而中国只有0.1公顷。种植规模大,投入成本相对低。从市场价格方面看,美国大豆的单产虽然没有玉米高,但基本与小麦相同。大豆经过加工后,其获得的总效益明显高于小麦。而在中国,小麦的总收益略高于大豆。与上述三国相比,中国大豆的蛋白质含量较高,更适合加工成传统食品,也有利于生产高品质的豆粕。但中国大豆的含油率比美国低3个百分点左右,由于用大豆榨油的收益高于用作蛋白类食品和豆粕,加工企业更愿意进口大豆为原材料将其用于榨油,这样获取的利润明显高于以国产大豆为原材料进行相关的加工。国内以农户为单位进行大豆生产,不同农户之间选用的大豆品种差异较大、参差不齐,导致收购单位收购到的大豆品种混杂,难以保证质量,更促使加工企业选用进口大豆作为加工原材料。综合上述几点,可见国产大豆生产成本高、比较效益低、质量参差不齐也是造成进口大豆占据国内市场的重要原因。

第二节
我国大豆生产区域分布及其特点

一、我国大豆主产区域的划分

从全国范围着眼,大豆品种生态因子主要是由地理纬度、海拔高度以及播种季节等所决定的日照长度与温度,其次才是降水量、土壤条件等。因而品种生育期长度及其对光、温反应的特性是区分大豆品种生态类型的主要性状。中国大豆品种生态区域的划分是研究种质资源和进行分区育种的基础。我国大豆生态区的划分曾有多种方案,经相互取长补短,将全国划分为三大区,即北方春作大豆区、黄淮海流域夏作大豆区、南方多作大豆区。盖钧镒、汪越胜(2001)研究认为南方地域广大,各地复种制度及品种播种季节类型不一致,据此将南方区进一步划分为 4 个区,从而提出 6 个大豆品种生态区及相应亚区的划分方案。其划分与命名均打破了行政省区的界线,以地理区域、品种所适宜的复种制度及播种季节类型而命名,并缀以品种生态区或亚区,以表示这是根据各地自然、栽培条件下品种生态类型区域的划分(图 1 - 4)。

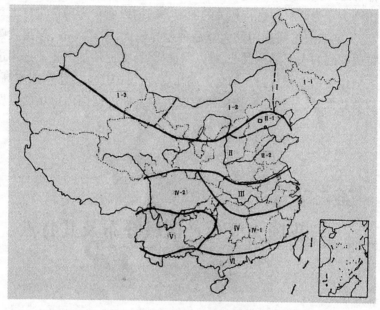

图 1 - 4　我国大豆生态区域(盖钧镒,2006)

　Ⅰ 北方一熟制春作大豆品种生态区(简称北方一熟春豆生态区)

　　Ⅰ - 1 东北春豆品种生态亚区(东北亚区)

　　Ⅰ - 2 华北高原春豆品种生态亚区(华北高原亚区)

　　Ⅰ - 3 西北春豆品种生态亚区(西北亚区)

　Ⅱ 黄淮海二熟制春夏作大豆品种生态区(黄淮海二熟春夏豆生态区)

　　Ⅱ - 1 海汾流域春夏豆品种生态亚区(海汾亚区)

　　Ⅱ - 2 黄淮海流域春夏豆品种生态亚区(黄淮亚区)

　Ⅲ 长江中下游二熟制春夏作大豆品种生态区(长江中下游二熟

春夏生态区)

Ⅳ 中南多熟制春夏秋作大豆品种生态区(中南多熟春夏秋豆生态区)

Ⅳ-1 中南东部春夏秋豆品种生态亚区(中南东部亚区)

Ⅳ-2 中南西部春夏秋豆品种生态亚区(中南西部亚区)

Ⅴ 西南高原二熟制春夏作大豆品种生态区(西南高原二熟春夏豆生态区)

Ⅵ 华南热带多熟制四季大豆品种生态区(华南热带多熟四季大豆生态区)

二、我国大豆主要生态区域的特点

(一)北方一熟制春作大豆品种生态区

全区包括东北3省、内蒙古自治区、宁夏回族自治区、河北省、山西省、陕西省、甘肃省和新疆维吾尔自治区。该区显著特点是地处于中温带,主体纬度40°N～50°N,是我国气候寒冷地区、全年无霜期短,一年一熟春播秋(冬)收,仅辽南地区试用麦茬豆一年两熟制。

(二)黄淮海二熟制春夏大豆品种生态区

全区包括长城以南、秦岭淮河线以北、东起黄海、西至六盘山的广大地区,按省区有北京市、天津市、河北省、山西省、陕西省的长城以南,山东省、河南省全境,安徽淮北、江苏淮北、甘肃南部等地。主体纬度在34°N～40°N。历史上有两年三熟制春豆和一年两熟制夏豆,现春豆面积缩减,夏豆面积增加,但遗留下来的品种仍包括春夏豆品种生态类型。

(三)长江中下游二熟制春夏作大豆品种生态区

全区包括秦岭淮河线以南、新安江—鄱阳湖—洞庭湖线以北、东起沿海、西至大巴山的长江下游流域,按省区有江苏省、安徽省的淮河以南地区、湖北省、陕西汉中盆地、浙江新安江以北、江西鄱阳湖以北、湖南省洞庭湖以北、四川省东北盆周山地等,主体纬度在29°N～

13

33°N,历史上春夏大豆并存,以夏大豆为主。

(四)中南多熟制春夏秋作大豆品种生态区

全区包括浙江新安江以南、江西鄱阳湖以南、湖南洞庭湖以南、福建福州以北、广东省、广西南岭区域以及四川盆地。主体纬度25°N ~ 39°N,丘陵山地相间分布,一年一熟或两年三熟,春、夏、秋豆搭配种植,但以春、秋豆为多数。

(五)西南高原二熟制春夏大豆品种生态区

全区包括四川西南盆周山地、川西高原、广西西北及湖南西部高原和云贵高原。纬度大致为 25°N ~ 29°N。大豆一般分布在海拔1 500米以上区域,以春播大豆为主,也有夏播大豆。

(六)华南热带多熟制大豆四季大豆品种生态区

包括福建泉州以南、广东省、广西南岭以南,云南南部等地,主体纬度 19°N ~ 23.5°N。终年无霜,四季可种大豆。

第三节
大豆栽培制度及其发展

一、新中国成立后大豆栽培技术的演变

大豆生产伴随着大豆栽培技术水平的不断提高而发展。1949 ~ 1989 年 40 年间,东北地区大豆科学事业有了很大的发展,除了在大豆育种工作中取得显著成绩外,大豆栽培技术,包括大豆施肥技术、共生固氮方面的研究工作也得到了广泛深入的开展,在很多方面成绩斐然。

20 世纪 60 年代,在过去研究的基础上较集中地研究了大豆增花

保荚问题。大豆花荚脱落率占总花数的 50% ~ 70%，主要原因是自身调节的反应和在生长发育过程中的生理失调。在此阶段着重研究探索丰产大豆群体的外部生态结构、内部生理变化及其栽培条件的关系，积累了丰富的资料，为日后大豆栽培技术的研究奠定了基础。

70 年代初期，开展了大豆高产技术攻关，在种植方式、栽培方法方面比 60 年代有较大进展，先后产生了一些行之有效的栽培技术，如：前茬肥、后期水，60 厘米双条播；豆、麦间作；宽窄行密植技术。70 年代中后期提出了"早矮密"和"早晚密"栽培法，以适应大豆机械化栽培，提高冠层光能利用率，充分利用早熟品种生长发育快的特点，并获得大面积高产。80 年代，提出了精量和半精量播种技术研究，对改变大豆的粗放管理起到积极作用。80 年代中后期，随着生产力水平的提高，黑龙江省又开展了以充分挖掘品种潜力为中心的大豆高产技术攻关研究，出现了大面积亩产 150 千克，小面积亩产 200 千克和亩产 250 千克的地块。

与此同时，针对提高产量的主要问题进行了专题性的探讨，其中大豆理想株型和规范化栽培的研究颇为深入。大豆品种的分支多少、结荚状况除品种特性外，也随土壤肥力、种植密度的不同表现出较大的可塑性。研究指出，大豆群落在正常密度下，越接近下层光照越弱，而冠层二氧化碳浓度的分布则与之相反。因此为了进一步提高大豆产量，应改良大豆株型，改良群体结构，增加冠层中下层的光照、促进二氧化碳的对流及协调光合作用的"能源"和"原料"，以积累更多的干物质。

二、我国大豆的主要栽培制度

(一) 单作

在江浙一带，一般在冬闲地上于 2 月下旬至 4 月初在空地或采用地膜覆盖方式播种春毛豆。不少地区也采用小拱棚栽培或在拱棚及塑料大棚中育苗，待苗龄 25 天左右时移栽到铺有地膜的地里。单作春毛豆收获后,可种植水稻。夏毛豆在麦茬、油菜或果菜地直播,收获后可种植冬季作物(冬麦、油菜)。秋收豆在早稻等作物收获后种植。黄淮海地区夏大豆在冬麦收获后播种,春大豆则在冬闲地播种。东北地区及西部高原为一年一熟制,大豆在春季播种。

(二)间、套作

间作也称之为间种,是指生长期相近的两种作物在同一地块上,一行或多行相互间隔种植的形式。利用作物间不同生长特点,如植株高矮不同、根系深浅不一、叶片尖圆异形、需肥种类有别等,相辅相成,以提高土地利用率和光能利用率,增加单位面积总产量。套作又称套种,是为了充分利用当地气候和土地资源,在前作物生长后期,将后作物种子播种于前作物的行间,前作物收获后,后作物利用前作物腾出来的空间生长至成熟,是争取延伸前、后作物生长期的一种多熟种植制度。

近年,我国间、套作大豆发展迅速,种植面积逐年增大。四川、陕西、甘肃等12个省2010年的大豆种植总面积达2 799.8万亩,其中间、套作大豆面积1 562.3万亩,占总面积的55.8%,以玉米—大豆模式面积最大,为1 282.3万亩,是当前间、套作大豆的主体种植模式;其次是幼果林—大豆间作90.5万亩,木薯—大豆间作61万亩,烤烟—大豆套作50万亩。就不同地区来看,区域之间发展不平衡。四川省的玉米大豆套作发展最快,种植面积逐年增加,从2006年的129万亩发展到近年的500万亩;云南省间、套作大豆面积395万亩,主要为玉米—大豆和烟草—大豆模式;广西达到260万亩,其中玉米—大豆123万亩,木薯间大豆61万亩;贵州的间、套作大豆为170万亩,主要为玉米—大豆模式;重庆、陕西也达到80万亩;一些省份的面积较小,不到50万亩,如广东、江西、甘肃;个别省份有间、套作大豆种植,但无面积统计,如湖南、湖北、宁夏。

由于地区间生态气候的差异,各地区的种植模式类型各异。总体看来,间、套作大豆种植模式呈多样化局面,目前有数十种模式。主要有玉米—大豆、幼果林—大豆、甘蔗—大豆、木薯—大豆、马铃薯—大豆、烟草—大豆、高粱—大豆、小麦—大豆、西瓜—大豆、蔬菜—大豆等间、套作模式。但多数模式面积小于 50 万亩,且处于探索试验示范阶段。玉米—大豆模式面积最大,目前达到 1 282 万亩,主要分布在四川、云南、贵州、广西、陕西和重庆等省市区。从发展潜力来看,按不与主要粮经作物竞争的原则,可间、套作大豆的作物有玉米、马铃薯、烟草、甘蔗,每个作物在 12 个省(市、自治区)的总面积均在 1 000 万亩以上,总计 16 421.1 万亩,若按 1/3 面积来发展间、套作大豆,未来间、套作大豆面积可达 5 473.7 万亩,发展潜力巨大。发展的主体模式为玉米—大豆模式,其次的大小顺序是甘蔗、马铃薯和烟草。发展面积可望达到 500 万亩以上的省份有四川、云南、广西、陕西、甘肃和贵州等。

(三) 混作

一是指两种作物在同一行上,单株或多株相间种植形式;二是指撒播混种。前一种形式与大豆混作的作物种类与间作相似。山东省的大豆玉米混作面积较大,是鲁南地区大豆、玉米的重要栽培形式。河南省也有一定的面积。大豆的混作模式主要有:大豆玉米混作,大豆芝麻混作,大豆高粱混作,大豆桑树混作等。

大豆玉米混作是在中低产区玉米丰收的前提下,使大豆不另占耕地而增收的一项有效措施。增产原因有:一是两种作物优势互补,充分利用光合空间;二是玉米大豆需要吸收的营养元素不同,大豆是固氮作物,大豆固定的氮素除了一部分自用外,还能在土壤中剩余一部分以供玉米吸收利用,从而做到用地、养地结合;三是玉米作为大豆的天然屏障,可减轻大豆倒伏和部分害虫对大豆的危害。

大豆芝麻混作在河南南部和东部比较普遍。芝麻耐旱性强,耐涝性差;大豆耐旱性较差,耐涝性较强。大豆芝麻混作,旱涝都可获得较好的收成。大豆芝麻混作一般以大豆为主。在整地时,结合耙地灭茬,撒播少量芝麻种子,然后条播大豆;或在大豆播种后顺垄撒少量芝麻种子,然后耙耱平地。

大豆高粱混作历史悠久,但是近年随着高粱种植面积的大幅度减少,混作面积大幅度下降。这是一种稳产增收的好形式,尤其在栽培条件较差的情况下,增加收益更明显。这种混作模式是一种高矮作物的复合群体,能充分利用光能。高粱是虚根系,与大豆的根系深浅不一,分布有差别,所需矿质营养的种类、数量有差别,可以充分利用土地肥力。大豆高粱混作一般以大豆为主。

大豆桑树混作是我国北方高寒地区实现植桑养蚕带动经济发展和生态恢复的一种新型农林复合模式。由于气候因素的限制,目前我国北方桑树的种植多采用育苗移栽形式,新移植的桑树幼苗矮小,生长缓慢,对光照、养分方面的要求不高,并且桑树移栽后株、行距间均有较大面积的空地,所以农民多在未成年的桑园中间作或混作一些农作物以提高土地的利用率,增加经济效益。大豆因植株矮小,与其他作物复合经营可以相对增加植物单位面积上的光能捕获而提高光能利用率,是复合经济中的首选作物之一。

(四)田埂豆

田埂豆又称田坎豆或田塍豆,是中国古老的种豆方式。早在明正统六年(1441年),安徽《和川志》中就提到田塍豆。此后至民国三十年(1941年)的五百年间,至少有41个地方志中有关于田塍豆的记载。田埂豆目前仍然广泛分布于南、北方稻作区。田埂上通风透光性好,养分和水分充足(当然也有重迎茬的问题),植株得到充分发育,单产量高,品质好。一般在单季稻田埂上种植夏大豆品种;在早稻生长季节种植极早熟春大豆品种,晚稻的田埂种植早熟夏大豆品种。田埂豆品种的生育期要短于相应水稻品种的生育期,栽秧完结后再种田埂豆,收获水稻前,先收获田埂豆。

第四节
影响大豆生产发展的不利因素

一、客观因素

(一) 气候因素

人类活动导致大气中二氧化碳含量增加,全球气温变暖,对大豆的生长发育、产量和品质等都会产生很大的影响。气温升高对不同地区大豆的影响不一致。在温度较高地区,气温升高会影响大豆生长,造成减产;在中高纬度地区和高海拔地区,气温升高则有利于大豆生长。夏季超过35℃的日数增加时,对不耐热的夏大豆将产生高温危害,由于大豆开花结荚部位主体处于距地面20~50厘米高处,离地表较近,且白天地温高于气温,所以大豆生殖部位遭受高温危害的可能性较大。温度超过40℃时,大豆坐荚率将减少57%~71%。在大豆生殖生长过程中,气温超过32℃并伴有干旱环境对开花和受精过程具有负作用。在高纬度地区,如黑龙江哈尔滨及以北地区是气温较低的高寒地区,气候变暖将明显改善大豆生育期的热量条件,大豆产量将增加。气候变暖还会影响大豆的种植北界,影响大豆种植面积。高温胁迫将影响土壤中根瘤菌的存活,未来气候变暖后大豆根瘤固氮量可能受到不利影响。未来气候条件下,全球总降水量会有所增加,但由于气温和土壤温度的升高,植物蒸腾耗水量和土壤的蒸发量都会增加,将导致土壤有变干的趋势。干旱仍是大豆生产面临的主要问题,经水分胁迫的大豆叶片气孔密度增加,气孔开口大小和单位叶面积气孔相对面积减小。不同生育时期的干旱胁迫对大豆产量影响不同。大豆开花期,受干旱胁迫影响最大的是单株荚数;荚形成时期和鼓荚时期受旱,会造成秕荚大量增加,粒数减少;鼓粒期受干旱胁迫会加速叶老化,从而缩短鼓粒时间,减小百粒重。持续的干旱胁迫不但会使大豆子粒大小明显减小,产量明显降低,而且植株将提前成熟。始花期到鼓粒初期的干旱会限制分枝生长,使分枝产量减少,进而影响总产量。干旱使大豆根部根瘤节结早熟老化,影响大豆的固氮能力。干旱使大豆子粒蛋白质含量增加,脂肪含量下降。

(二) 土壤因素

我国大豆生产中土壤因素主要存在以下几个问题:

1. 土壤侵蚀

土壤侵蚀也称水土流失,是我国农业用地中土壤资源存在的主要问题,其分布面积大、类型多、危害严重,遍布全国各个大豆产区。其危害主要表现在使耕地面积减少、土壤养分退化、土壤理化性质变坏。

2. 土壤板结

有些产区由于长期耕种,加上利用不当、水土流失、污染、耕作粗放和施肥不足等原因,耕地土壤不同程度地出现了板结现象。主要表现是:地越种越硬,耕性变坏,土质变薄,怕旱怕涝,产量不稳。

3. 土壤酸害

土壤酸化板结,已经逐渐成为影响我国大豆产量和品质的主要因素。由于长期大量使用化肥,化肥中的磷、钾元素有60%左右被土壤固定,转化成为磷酸盐,使得土壤 pH 逐年下降,酸害表现越来越明显;大量使用化学除草剂、用农药进行种子包衣,致使土壤中酸性有毒的氢离子浓度急剧上升,加速了土壤酸化进程;大豆的根系每年都向土壤中分泌大量的酸性有毒物质,土壤中以大豆为寄生的病菌病毒积累越来越多,尤其是多年种大豆的地块酸害更为严重。田间每年都有大量的大豆残根败叶进入土壤中,在下一年腐烂时产生大量的酸性硫化氢有毒物质。土壤酸害对大豆的根系伤害很大,并能诱发多种土传病害的发生。大豆根系受伤后发育不良,吸水吸肥能力减弱。这时即使投入了大量的肥料也很难被大豆吸收利用,造成高投入、低产出的负效应。

（三）病虫等逆境

大豆生产中除了气候、土壤等自然因素对产量和品质有影响外，病虫害是另一个重要的影响因素。在大豆产区，尤其是主产区，由于种植历史悠久、连作普遍，常发生的和主要的病害病原菌在土壤和地表的病残体中长期存活，一般的病害基本年年都有发生，遇到适宜气候就会发生严重并造成较重的损失。

迄今为止，已报道的大豆病害约 30 种，病原主要包括真菌、细菌、线虫和病毒等，其中以真菌病害为主。按危害部位可分为根部病害、茎部病害、叶部病害和子粒病害等。常见的大豆病害包括：大豆胞囊线虫、大豆根腐病、大豆疫霉、根腐病、菌核病、霜霉病、灰斑病、褐纹病、黑斑病、锈病、白粉病、细菌性斑点病、细菌性斑疹病和大豆花叶病等。

取食大豆的昆虫和螨类多达 240 种，对大豆造成危害的害虫约有 30 种，主要有豆根蛇潜蝇、豆秆黑潜蝇、大豆蚜、大豆食心虫、豆荚螟、豆卜馍夜蛾、豆小卷叶蛾、二条叶甲、豆芫菁、豆蚀叶野螟、豆卷叶野螟、茄无网蚜、大造桥虫、银锭夜蛾、银纹夜蛾、宽胫夜蛾、单梦尼夜蛾、红棕灰夜蛾、斑缘豆粉蝶、蓝灰蝶和白雪灯蛾等。

大豆整个生育期均可遭受病虫害的危害，但各大豆产区因地域和种植制度不同，主要种类也存在差异。由于大豆的补偿能力较强，能使大豆造成较大经济损失的病害虫，在各产区不过 8～10 种。在我国大豆主产区的黄淮海大豆产区主要病害有大豆花叶病毒病、大豆疫霉根腐病、大豆紫斑病、大豆霜霉病、大豆炭疽病和大豆胞囊残虫等。害虫主要有棉铃虫、造桥虫、豆天蛾、蛴螬、地老虎、食心虫、豆荚螟、卷叶螟、豆秆黑潜蝇和烟粉虱等。病虫的发生和危害程度与大豆产地的气候、土壤特点、轮作体系、管理技术及种植品种特性关系较大，也就是病虫源、品种抗性和环境条件这 3 个要素密切相关。因此，在生产上要结合当地的这些特点，有针对性地开展系统的防御和控制。

大豆与其他作物一样，多年来与天敌共存、共同进化，有些有害生物在逐步减少，而有些则在不断增加。如由拟茎点属真菌引起的大豆茎枯病 2010 年在我国首次报道,大豆白粉病近年有扩大发展的趋势。

随着工业的发展,大气污染问题日益严重。与大气污染有关的臭氧、二氧化硫和紫外线对大豆生理的影响主要有:叶片硝酸还原酶活性降低,C/N(碳/氮)比降低,影响氧碳交换和水分利用率,光合作用下降,降低生长量和产量等。

二、主观因素

(一)对大豆生产发展重视程度不够

长期以来,中国面临着粮食供给不足的问题,农业生产的中心任务是增加粮食产量。虽然国家把大豆归入粮食产品,但大豆生产并未得到像小麦、水稻和玉米等大宗粮食作物那样的重视和优惠政策。因此,为了获得较高的粮食总产量,有些地方将主要精力、物力、财力投入到这些大宗、高产的粮食作物上,而对大豆生产的资金、物质投入都较少,从而导致大豆生产中的许多问题长期得不到有效的解决。

(二)种植规模小、经济效益低

目前,美国大豆种植户的平均种植面积为 148 公顷,而中国农户的大豆种植面积平均规模只有 0.1 公顷,即使是土地资源比较丰富的黑龙江省,最大规模仅有 10 公顷左右(主要指的是承包国有农场耕地的农户),不能成规模经营。同时,在我国与大豆争地的主要作物是玉米、花生等,大豆与其在国内市场的价格差和每亩收益严重影响大豆的种植面积。农户种植大豆的净产值通常低于其他与之竞争的作物,特别是低于玉米,这极不利于调动农户种植大豆的积极性。

(三)生产管理粗放、单产水平低下

我国大豆的生产条件差,大多种植在贫瘠的土地上,地力较差,缺乏灌溉等基本条件,不少地区的农民对农业科技学习较少,对大豆栽培管理粗放;加上大豆品种自留自用、相互串换等现象普遍,造成品种混杂退化。部分大豆生产区由于不能合理地轮作倒茬,重茬面积日益扩大,病害有加重趋势。单产水平低下,造成我国大豆成本居高不下,也是影响大豆生产的关键因素。近几年中国大豆每公顷的平均产量是世界平均值的68.9%。

(四)科研投入不足、品种更新滞后

中国的农业科研投入低于世界平均水平,且这些不足的科研经费主要投在水稻、玉米和小麦等高产作物上,而对大豆研究的科研投入严重不足,致使大豆单产增产缓慢。加之各地把良种推广重点放在对粮食增产明显的玉米、水稻和小麦等作物上。全国玉米、水稻和小麦的品种已经更新了几十次;但对大豆品种的推广重视不够,许多大豆种植户仍然在沿用几十年前的老品种。

近年,我国政府也开始逐渐重视大豆技术推广工作,先后实施了"高产大豆示范项目""大豆综合生产能力科技提升行动"和"全国农科科技入户示范工程试点行动"等项目,推动了大豆新品种和新技术的应用。

第五节
我国大豆产业发展的对策思路

自1996年以来,我国的大豆需求对国际市场的依赖程度越来越高,特别是从2003年起,大豆的净进口量已经显著地超过了大豆的生产量,中国大豆业的发展正处在困境之中。国内有关方面的专家主张应该大量进口大豆及大豆产品,因为进口大豆产品成本低,总体经济效益高;反对大量进口者认为,大豆产品的大量进口,使得中国对国际市场的依赖程度越来越高,将严重抑制国内大豆产业的发展。对中国大豆目前所处的困境,必须要保持冷静和理性的头脑,既要深刻认识到中国大豆业与国外大豆业的发展差距,同时也要清醒地找

出中国大豆业发展的潜力和出路。大豆经济的国际化和全球化虽然是一个不可逆转的大趋势,但中国的大豆产业只要找准问题,措施得力,政策对头,仍然具有很大的发展空间和前途。

一、改善大豆产业结构、提高大豆利用效率

长期以来,中国把大豆作为粮食作物,但并没有充分认识到大豆作为粮食作物的真正特点。

(一) 大豆作为豆油用途

目前中国的大豆与国外的相比,平均含油率低 2~3 个百分点,如果将其用于榨油则存在明显的出油率低、经济效益差的问题。但反过来看,中国大豆并不是完全处于不利境地。从大豆最终使用的观点来看,大豆与其称为油料作物用于榨油,还不如称为蛋白质作物来得更为恰当和准确。这主要是因为从大豆本身的营养物质来看,它的含油率仅为20%左右,与油菜子和葵花子相比,其含油率还不及它们的一半,但蛋白质含量高达40%,高居各种粮食和饲料作物之首。大豆称为蛋白质植物的另一个原因是,全球大豆之所以如此快速地增长,其背后真正的动力仍然是对大豆豆粕的需求的快速增长。对大豆作为蛋白质用途来讲,只要有大豆蛋白质的需求(包括人类直接食用或作为畜牧饲料),就会有大豆的需求,从而也会有大豆生产的巨大发展。但对于豆油来讲,只有油类的需求,却不一定有豆油的需求,因为菜子油、葵花子油、棕榈油等都是很好的替代品。

(二) 大豆作为蛋白质用途

从大豆作为蛋白质用途来讲,世界上存在着明显的三种模式。一种是大豆直接食用模式,一种是直接食用与豆粕饲用并重,一种是豆粕饲用。直接使用豆粕生产畜产品的西方国家,在经过长期发展"三高"(高蛋白、高脂肪、高热量)膳食模式的实践之后,人们的食物和营养质量及身体素质获得了显著的改善,但是也增加了营养不平衡带来的一系列营养性疾病。对此,营养学家提出了重新建立以植

物性食物为基础的膳食模式。现在,大多数国家,特别是东亚、南亚、东南亚国家都把增加大豆消费作为一个重要选择。在经济发达的日本和中国台湾、江苏、上海等地区,人均食用大豆一直保持在 10 千克的水平上。台湾每年的人均消费超过 20 千克,印度、印度尼西亚等发展中国家的食物平均消费水平不高,但人均消费豆类却在 20 千克,而中国全国平均的大豆食用量每人每年只有 6 千克左右。如果能够提高到人均 10 千克以上,则每年可增加消费大豆 500 万吨,这将极大地刺激中国国内大豆生产的发展。

(三) 大豆豆粕作为饲料用途

从大豆豆粕作为饲料来讲,在 2000 年前,中国的人均大豆豆粕消费量只有 10 千克左右,2005 年上升到 20 千克。而中国台湾以及美国等发达国家和地区的年人均豆粕消费量却在 90 千克以上。如果中国的豆粕需求到 2030 年达到美国的一半,即 40 千克左右,以 2030 年的平均人口按 14 亿计算,将需要豆粕 5 600 万吨,这一豆粕需求亦即相当于 7 000 万吨的大豆需求,是中国目前大豆常量的 5.5 倍左右,这也意味着中国在未来需要通过进口豆粕或大豆来满足国内市场的需求。但我们需要清醒地认识到,中国生产的大豆含油率虽然低于国外,但蛋白质含量却高于国外,所生产的豆粕蛋白质含量也比国外高。但目前中国的广大豆粕购买者,特别是广大农民并没有真正认识到这一重大差别,盲目追求低价而严重忽视质量,致使大量国产大豆在市场竞争中处于不利地位。如何将中国的大豆豆粕蛋白质含量较高这一优势充分发挥出来,真正在豆粕市场上实现优质优价,进而刺激国产大豆的需求,就成为中国未来大豆业持续发展的重要一环。

二、扩大大豆种植规模、降低大豆生产成本

我国大豆生产具有单位面积劳动力投入高、机械动力投入少的特点,劳动力成本在大豆生产成本中比例较高。鼓励规模化生产是

25

降低大豆生产成本,提高竞争力的有效手段。规模化生产需要制定相应的鼓励机械化耕作的政策和措施,不能仅仅依靠农户自身的资金积累和土地流转。为促进农机具的推广和使用,应对购买农用机械、化肥、农药等生产基础投入予以贷款等方面的支持。同时,在有条件的地区,鼓励通过龙头企业带动,以建设大豆生产基地的形式,推广大豆规模化生产。实行规模化生产是降低大豆生产成本的有效手段。实行规模化生产,可以批量生产大豆种子,降低种子成本;可以进行标准化种植,推广先进栽培技术,提高单产;可进行大规模耕种,降低人工成本;可生产有质量保证的产品,提高市场竞争力。推广高效的栽培技术,以降低农业生产成本投入,提高大豆单产和总产。

在国际原油价格持续在高位徘徊、运输成本不断上涨的情况下,为进一步降低大豆等农产品、农用物资的运输成本,应积极协调税收、物价、交管等部门,对特定物资运输给予优惠和补贴,从而降低农产品流通成本,提升农产品的市场竞争力。国内运输成本的降低,可鼓励国内大豆加工企业更多地利用国产大豆,有利于促进、刺激大豆生产的发展。

三、加强科研投入和技术推广

加强大豆科研和推广,加大经费投入力度。在大豆育种上,改变过去强调高油与高蛋白兼容的育种方向,走高油和高蛋白品种单独选育的路子。注重多样化、专用化优质大豆品种的选育,如高产大豆、高蛋白质大豆、高异黄酮脂肪氧化酶缺失、过敏蛋白缺失大豆等品种,提高大豆的加工性能。健全大豆良种繁育体系,大力推广大豆优良品种,加快推广成熟配套栽培技术,提高大豆生产的标准化和集约化水平。

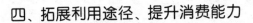

四、拓展利用途径、提升消费能力

过去,我国大豆的用途以食用和榨油为主。随着世界科技进步日新月异,大豆多方面的加工性能被开发出来,如:利用其中的多种生物活性成分,开发大豆异黄酮、大豆皂苷、大豆卵磷脂和大豆蛋白等。因此,应把大豆加工作为一个重要的产业来抓,依靠科技创新促进大豆的深加工,增加大豆的附加值。

五、实现大豆生产的比较优势

比较优势理论指出,产品的竞争力差异是由于地区之间资源禀赋的差异所导致的;比较优势不是已经获得的现实利益,只是反映了某些地区具有获得利益的潜在可能,只有通过把比较优势转化成为价格差,才能构成比较利益。要积极利用我国大豆非转基因、生态环境多样、种质资源丰富、蛋白质含量高等优势,加强大豆产业体系和"育种单位—种子企业—技术和品种推广"一体化的建立,创立豆制品相关的知名品牌,建立大豆质量标准等各种手段,实现大豆生产的比较优势,并将优势转化为收益,增加农民收入,促进大豆产业可持续发展。

第二章

大豆的生物学特点及环境影响

本章导读：本章讲述了大豆的生物学特征，包括根、茎、叶、花、果实、种子等器官，以及大豆的光温反应和生育习性。

第一节

大豆生长发育阶段的划分

　　生育期和生育时期是大豆光温反应的综合表现。以前,我国一直以主要器官和重要发育事件的出现时间为依据,将大豆的个体发育分为出苗期、分枝期、开花期、结荚期、鼓粒期和成熟期等。上述生育期划分方法虽然简单易行,适用于广大种植户掌握大豆的生长发育进程并进行必要的农事操作,但从育种的角度看,这种划分方法不够准确。美国科学家 Fehr 和 Caviness(1977)提出了大豆发育时期的分期标准,该标准对大豆发育进程的描述具体、准确、易于掌握,被世界各国大豆研究者广泛采用。然而,育种实践表明该划分方法也有其不足之处,为了准确描述大豆植株的发育进程,韩天富和盖钧镒(1998)对 Fehr 等的标准进行了补充。补充后的分期标准见表 2 - 1。

表 2 - 1　大豆生殖生长期分期标准修订方案(韩天富和盖钧镒,1998)

代号	简称	标准描述	备注
R1	初花	主茎任意一节上有一朵花开放	同 Fehr 等的标准
R2	盛花	主茎最上部 2 个具有完全展开叶的节中有一节开花	同 Fehr 等的标准
R3⁻	初荚前	主茎任意一节上出现 0.5 厘米长的幼荚	新增
R3	初荚	主茎最上部 4 个具有完全展开叶的节中,任意一节出现 0.5 厘米长的幼荚	同 Fehr 等的标准
R4⁻	盛荚前	主茎任意一节上出现 2 厘米长的荚果	新增

续表

代号	简称	标准描述	备注
R4	盛荚	主茎最上部 4 个具有完全展开叶的节中,任意一节出现 2 厘米长的荚果	同 Fehr 等的标准
R5⁻	初粒前	主茎任意一节上荚果内种子长度达 3 毫米	新增
R5	初粒	主茎最上部 4 个具有完全展开叶的节中,任意一节上荚果内种子长度达 3 毫米	同 Fehr 等的标准
R6⁻	满粒前	主茎任意一节上,至少有一荚果内的青绿种子体积达最大值	新增
R6	满粒	主茎最上部 4 个具有完全展开叶的节中,任意一节上的荚果内青绿种子体积达最大值	同 Fehr 等的标准
R7	初熟	主茎上有一荚果变成为熟色	同 Fehr 等的标准
R8	完熟	95% 荚果变为熟色,种子含水量达到 15% 以下尚需 5~10 个晴日	同 Fehr 等的标准

第二节

大豆的形态特征

一、根

大豆根系(图 2-1)由主根、支根、根毛组成。初生根由胚根发育而成,并进一步发育成主根。主根在地表下 10 厘米以内比较粗壮,愈向下愈细,几乎与支根很难分辨,入土深度可达 60~80 厘米。

支根在发芽后3~7天出现,根的生长一直延续到地上部分不再增长为止。在耕作层深厚的土壤条件下,大豆根系发达,根量的80%集中在5~20厘米土层内,支根是从主根中柱鞘分生出来的。一次支根先向四周水平伸展,远达30~40厘米,然后向下垂直生长。一次支根还再分生二、三次支根。根毛是幼根表皮细胞外壁向外突出而形成的。根毛寿命短暂,大约几天更新一次。根毛密生使根具有巨大的吸收表面(一株约100平方米)。

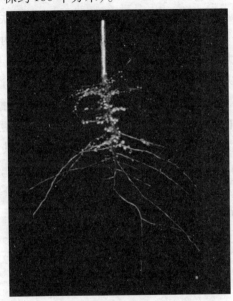

图2-1 大豆的根部(Roger Boerma和Specht,2004)

二、根瘤

大豆主根和侧根上生有许多根瘤。在大豆根生长过程中,分布在耕作层的根瘤在大豆幼苗期受大豆根系分泌物的影响,沿根毛或表皮细胞侵入,在被侵入的细胞内形成感染线,根瘤菌进入感染线中,感染线逐渐伸长,直达内皮层,根菌瘤也随之进入内皮层。在内皮层,根菌瘤诱发细胞进行分裂,形成根瘤的原基。大约在侵入后1周,根瘤向表皮方向隆起,侵入后2周左右,皮层的最外层形成了根瘤的表皮,皮层的第2层成为根瘤的形成层,接着根瘤的周皮、厚壁组织层及维管束也相继分化出来。根瘤菌在根瘤中变成类菌体。根瘤细胞内形成豆血红蛋白,根瘤内部呈红色。根瘤具有固定空气中的游离氮素的作用。出苗2周后开始固氮,到开花期迅速增加,接近成熟时固氮能力下降。

类菌体具有固氮酶。固氮过程的第一步是由钼铁蛋白及铁蛋白组成的固氮酶系统吸收分子氮。氮(N_2)被吸收后,两个氮原子之间的三价键被破坏,然后被氢化合成NH_3。NH_3与α - 酮戊二酸结合成谷氨酸,并以这种形态参与代谢过程。大豆植株与根瘤菌之间是共生关系。大豆供给根瘤糖类,根瘤菌供给寄主氨基酸。有人估计,大豆光合产物的12%左右被根瘤菌所消耗。对于大豆根瘤固氮数量的估计差异很大。一般地说,根瘤菌所固定的氮可供大豆一生需氮量的1/2 ~ 3/4。这说明,共生固氮是大豆的重要氮源,然而单靠根瘤菌固氮不能满足其需要。大豆鼓粒期以后,大量养分向繁殖器官输送,因而使根瘤菌的活动受到抑制。

三、茎

大豆的茎包括主茎和分枝。茎发源于种子中的胚轴。下胚轴末端与极小的根原始体相连;上胚轴很短,带有两片胚芽、第一片三出复叶原基和茎尖。在营养生长期间,茎尖形成叶原始体和腋芽,一些腋芽后来长成主茎上的第一级分枝。第二级分枝比较少见。

大豆栽培品种有明显的主茎。主茎高度在50 ~ 100厘米,矮者只有30厘米,高者可达150厘米。茎粗变化较大,直径在6 ~ 15毫米。主茎一般有12 ~ 20节,但有的晚熟品种多达30节,有的早熟品种仅有8 ~ 9节。

大豆幼茎有绿色与紫色两种。绿茎开白花,紫茎开紫花。茎上生茸毛,灰白或棕色,茸毛的多少和长短因品种而异。按主茎生长形态(图2-2),大豆可概分为蔓生型、半直立型、直立型。栽培品种均属于直立型。

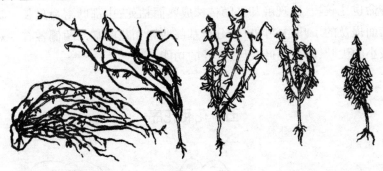

蔓生型   半直立型   直立型

图2-2 大豆主茎的生长形态(Roger Boerma 和 Specht,2004)

大豆主茎基部节的腋芽常分化为分枝,多者可达10个以上,少者1~2个或不分枝。分枝与主茎所成角度的大小、分枝的多少及强弱决定着大豆栽培品种的株型。按分枝与主茎所成角度大小,可分为张开、半张开和收敛三种类型。按分枝的多少、强弱,又可将株型分为主茎型、中间型和分枝型三种。

四、叶

大豆叶有子叶、单叶、复叶之分。子叶(豆瓣)出土后,展开,经阳光照射即出现叶绿素,可进行光合作用。在出苗后10~15天,子叶所贮藏的营养物质和自身的光合产物对幼苗的生长是很重要的。子叶展开后约3天,随着上胚轴伸长,第二节上先出现2片单叶,第三节上出生1片三出复叶。大豆复叶由托叶、叶柄和小叶3部分组成。托叶一对,小而狭,位于叶柄和茎相连处两侧,有保护腋芽的作用。大豆植株不同节位上的叶柄长度不等,这对于复叶镶嵌和合理利用光能有利。大豆复叶的各个小叶以及幼嫩的叶柄能够随日照而转向。大豆小叶的形状、大小因品种而异。叶形可分为椭圆形、卵圆形、披针形和心脏形等。有的品种的叶片形状、大小不一,属变叶型。叶片寿命为 30 ~ 70 天不等,下部叶变黄脱落较早,寿命最短;上部叶寿命也比较短,出现晚却又随植株成熟而枯死;中部叶寿命最长。除前面提及的子叶、复叶外,在分枝基部两侧和花序基部两侧各有一对极小的尖叶,称为前叶,已失去叶的功能。

五、花和花序

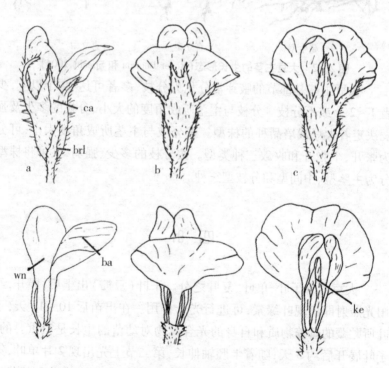

图 2 - 3 大豆花结构图(Roger Boerma 和 Specht,2004)

a:具有旗瓣、翼瓣、萼片的花萼侧视图;b:四个花萼、两个小苞叶、旗瓣和翼瓣的正面或顶视图;c:正面或地面视图,三个萼片可见

ba:旗瓣;brl:小苞叶;ca:花萼;ke:龙骨瓣;wn:翼瓣

大豆的花序着生在叶腋间或茎顶端,为总状花序。一个花序上的花朵通常是簇生的,俗称花簇。每朵花(图2-3)由苞片、花萼、花冠、雄蕊和雌蕊构成。苞片有2个,很小,呈管形。苞片上有茸毛,有保护花芽的作用。花萼位于苞片的上方,下部联合呈杯状,上部开裂为5片,色绿,着生茸毛。花冠为蝴蝶形,位于花萼内部,由5个花瓣组成。5个花瓣中上面一个大的叫旗瓣,旗瓣两侧有2个形状和大小相同的翼瓣;最下面的2瓣基部相连,弯曲,形似小舟,叫龙骨瓣。花冠的颜色分白色、紫色2种。雄蕊共10枚,其中9枚的花丝连呈管状,1枚分离,花药着生在花丝的顶端,开花时,花丝伸长向前弯曲,花药裂开,花出。一朵花的花粉约有5 000粒。雌蕊包括柱头、花柱和子房3部分。柱头为球形,在花柱顶端,花柱下方为子房,内含胚珠1~4个,个别的有5个,以2~3个居多。大豆是自花授粉作物,花朵开放前即完成授粉,天然异交率不到1%。花序的主轴称花轴,大豆花轴的长短、花轴上花朵的多少因品种而异,也受气候和栽培条件的影响。花轴短者不足3厘米,长者在10厘米以上。

六、荚和种子

大豆荚由子房发育而成。荚的表皮被茸毛,个别品种无茸毛。荚色有黄、灰褐、褐、深褐以及黑等色。豆荚形状分直形、弯镰形和弯曲程度不同的中间形。有的品种在成熟时沿荚果的背腹缝自行开裂(炸荚)。大豆荚粒数各品种有一定的稳定性。栽培品种每荚多含2~3粒种子。有的披针形叶大豆,四粒荚的比例很大,也有少数五粒荚;卵圆形叶、长卵圆形叶品种以2~3粒荚为多。

种子形状可分为圆形、卵圆形、长卵圆形、扁圆形等。种子大小通常以百粒重表示。百粒重5克以下为极小粒种,5~9.9克为小粒种,10~14.9克为中小粒种,15~19.9克为中粒种,20~24.9克为中大粒种,25~29.9克为大粒种,30克以上为特大粒种。子粒大小与品种和环境条件有关。东北大豆引到新疆种植,其百粒重可增加2克左右。种皮颜色与种皮栅栏组织细胞所含色素有关,可分为黄色、青色、褐色、黑色及双色五种,以黄色居多。

种脐是种子脱离珠柄后在种皮上留下的疤痕。在种脐的靠近下胚轴的一端有珠孔,当发芽时,胚根由此出生;另一端是合点,是珠柄维管束与种脉连接处的痕迹。脐色的变化可由无色、淡褐、褐、深褐到黑色。圆粒、种皮金黄色、有光泽、脐无色或淡褐色的大豆最受市场欢迎;但脐色与含油量无关。

种皮共分三层:表皮、下表皮和内薄壁细胞层。由于角质化的栅栏细胞实际上是不透空气的,种脐区(脐间裂缝和珠孔)成为胚和外界之间空气交换的主要通道。

胚由两片子叶、胚芽和胚轴组成。子叶肥厚,富含蛋白质和油分,是幼苗生长初期的养分来源。胚芽具有一对已发育成的初生单叶。胚芽的下部为胚轴,胚轴末端为胚根。有的大豆品种种皮不健全,有裂缝,甚至裂成网状,致使种子部分外露。气候干旱或成熟后期遇雨也常造成种皮破裂。有的子粒不易吸水膨胀,变成“硬粒”,是由于种皮栅栏组织外面的透明带含有蜡质或栅栏组织细胞壁硬化。土壤中钙质多,种子成熟期间天气干燥往往使硬粒增多。

第三节
大豆类型

一、大豆的结荚习性

大豆的结荚习性一般可分为无限、有限和亚有限三种类型(图

2-4)。大豆结荚习性不同的主要原因在于大豆茎秆顶端花芽分化时个体发育的株龄不同。顶芽分化时若值植株旺盛生长时期,即形成有限结荚习性,顶端叶大、花多、荚多。否则,当顶芽分化时植株已处于老龄阶段,则形成无限结荚习性,顶端叶小、花稀,荚也少。大豆的结荚习性是重要生态性状,在地理分布上有着明显的规律性和地域性。从全国范围看,南方雨水多,生长季节长,有限品种多;北方雨水少,生长季节短,无限性品种多。从一个地区看,雨量充沛、土壤肥沃,宜种有限性品种;干旱少雨、土质瘠薄,宜种无限性品种;雨量较多、肥力中等,可选用亚有限性品种。当然,这也并不是绝对的。

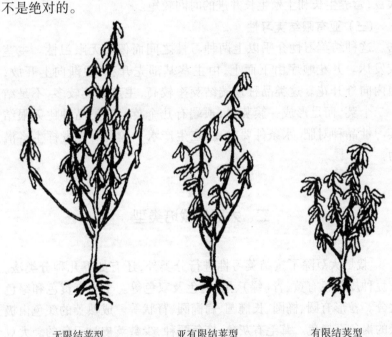

无限结荚型　　　　　亚有限结荚型　　　　　有限结荚型

图2-4　大豆结荚习性类型(Roger Boerma 和 Specht,2004)

(一) 无限结荚习性

具有这种结荚习性的大豆茎秆尖削,始花期早,开花期长。主茎中下部的腋芽首先分化开花,然后向上依次陆续分化开花。始花后,茎继续伸长,叶继续产生。如环境条件适宜,茎可生长很高。主茎与分枝顶部叶小,荚分散,基部荚不多,顶端只有 1~2 个小荚,多数荚在植株的中部、中下部,一般每节着生 2~5 个荚。这种类型的大豆,营养生长和生殖生长并进的时间较长。

(二)有限结荚习性

这种结荚习性的大豆一般始花期较晚,当主茎生长高度接近成株高度前不久,才在茎的中上部开始开花,然后向上、向下逐步开花,花期集中。当主茎顶端出现一簇花后,茎的生长终结。茎秆不那么尖削。顶部叶大,不利于遇光。由于茎生长停止,顶端花簇能够得到较多的营养物质,常形成数个荚聚集的荚簇,或成串簇。这种类型的大豆,营养生长和生殖生长并进的时间较短。

(三)亚有限结荚习性

这种结荚习性介乎以上两种习性之间而偏于无限习性。主茎较发达。开花顺序由下而上,由主茎基部先开花,逐渐向上开放,由内向外开花。这类品种顶端结荚率较高,主茎结荚较多,不是结一二个荚,而是形成一簇荚果,顶端有几个荚。这类品种比无限结荚习性品种对肥、水条件要求高,在生产水平较高时能发挥生产潜力。

二、大豆的栽培类型

栽培大豆除了按结荚习性进行分类外,还有如下几种分类法。大豆种皮颜色有黄、青(绿)、黑、褐色及双色等。子叶有黄色和绿色之分。粒形有圆、椭圆、长椭圆、扁椭圆、肾状等。成熟荚的颜色由极淡的褐色至黑色。茸毛有灰色、棕色两种,少数荚皮是无色的。大豆子粒按大小可分为 7 级。若以播种期进行分类,我国大豆可分作春大豆型、黄淮海夏大豆型、南方夏大豆型和秋大豆型。

(一)春大豆型

北方春大豆型于 4~5 月播种,约 9 月成熟;黄淮海春大豆型在 4 月下旬至 5 月初播种,8 月末至 9 月初成熟;长江春大豆型在 3 月底至 4 月初播种,7 月间成熟;南方春大豆型在 2 月至 3 月上旬播种,多于 6 月中旬成熟。春大豆短日照性较弱。

（二）黄淮海夏大豆型

于麦收后 6 月间播种,9 月至 10 月初成熟。短日照性中等。

（三）南方夏大豆型

一般在 5 月至 6 月初麦收或其他冬播作物收获后播种,9 月底至 10 月成熟。短日照性强。

（四）秋大豆型

7 月底至 8 月初播种,11 月上中旬成熟。短日照极强。

第四节
大豆的生育特点

一、大豆的生长特点

（一）大豆的根系特点

大豆的根系属于直根系,由主根、侧根、细根、根毛和根瘤组成。研究表明,大豆的根大部分集中在地表 20 厘米的土层内,主根可深入土中 1 米左右,侧根多从地表以下 5 ~ 8 厘米的主根上分生之后,先向四方平行扩展,远可达 50 厘米,然后急转直下,整个根系型如钟罩。大豆根系在土壤中侧向分布的特点是:根重从植株向外依次随距离增大而大幅度递减;苗期,根系生长的绝对量增加缓慢,从分枝期开始根系生长加速,鼓粒期达到高峰,由此开始至叶片发黄,根系增长减少,最后停止增长,叶片发黄以后根系衰老;开花期到结荚鼓粒期,根系主要生长区域在距离植株 5 ~ 15 厘米的范围内。

（二）大豆分枝的特点（图2-5）

图2-5　大豆的分枝类型

大豆的分枝是由主茎下部或中部腋芽继续生长形成的。从主茎上长出的为一级分枝，由一级分枝长出的为二级分枝，依次可能出现三级甚至四级分枝。遗传类型和环境因素如昼夜长短、空间和水肥等都对分枝多少和长短有影响。大豆植株的分枝类型是多种多样的，根据分枝类型可将大豆大致分为三种类型，即主茎型大豆、中间型大豆和分枝型大豆。

1. 主茎型大豆

主茎发达，不分枝或少分枝，分枝数一般不超过两个，以主茎结荚为主。

2. 中间型大豆

主茎较坚韧，一般有3～4个分枝，豆荚在主茎和分枝上的分布比较均匀。

3. 分枝型大豆

主茎坚韧，分枝能力强，分枝上的荚数占总荚数的比例很高。

（三）大豆的单叶特点

子叶节以上的节是由1个短叶柄、2枚托叶和1个近卵圆形的叶片组成。单叶对生复叶：单叶节以上所有节长出的叶均为复叶，是典型的完全叶，由2枚托叶、1个叶柄和3个卵形小叶片组成。先出叶：发生在每个侧枝基部，也是成对着生的单叶，无叶柄、无叶枕，1毫米左右。

二、大豆生长发育各个时期的特点

（一）种子萌发特点

大豆种子富含蛋白质、脂肪,在种子发芽时需吸收比本身重 1 ~ 1.5 倍的水分,才能使蛋白质、脂肪分解成可溶性养分供胚芽生长。

（二）幼苗生长特点

发芽时,子叶带着幼芽露出地表,子叶出土后即展开,经阳光照射由黄转绿,开始光合作用。胚芽继续生长,第一对单叶展开,这时幼苗具有两个节和一个节间。在生产中,大豆第一个节间的长短,是一个重要的形态指标。植株过密,土壤湿度过大,往往导致第一节间过长,茎秆细,苗弱发育不良。如遇这种情况应及早间苗、破土散墒,防止幼苗徒长。幼茎继续生长,第一复叶出现,接着第二复叶出现,当第二复叶展平时,大豆已开始进入花芽分化期。所以在大豆第一对单叶出现到第二复叶展平这段时间里,必须抓紧时间及时间苗、定苗,促进苗全、苗壮、根系发达,防治病虫害,为大豆丰产打好基础。

（三）花芽分化特点

大豆出苗后 25 ~ 35 天开始花芽分化,复叶出现 2 ~ 3 片之后,主茎基部的第一、第二节首先有枝芽分化,条件适宜就形成分枝,上部腋芽成为花芽;下部分枝多且粗壮,有利增加单株产量。花芽分化期,植株生长快,叶片数迅速增加,植株高度可达成株的1/2,主茎变粗,分枝形成,根系继续扩大。营养生长越来越旺盛,同时大量花器不断分化和形成,所以这个时期要注意协调营养生长和生殖生长的平衡生长,达到营养生长壮而不旺,花芽分化多而植株健壮不矮小。大豆在花芽分化时期,分枝也生长,此期也称为分枝期。营养生长和生殖生长并进,茎叶生长加快,花芽分化迅速。根系生长仍明显快于地上部分,主根长为株高的 5 ~ 7 倍。固氮能力增强。

（四）开花结荚期特点

一般大豆品种从花芽开始分化到开花需要 25~30 天。大豆开花日数（从第一朵花开放开始到最后一朵花开放终了的日数）因品种和气候条件而有很大变化，从 18 天到 40 天不等，有的可达 70 多天。有限开花结荚习性的品种，花期短；无限开花结荚习性的品种，花期长。温度对开花也有很大影响，大豆开花的适宜温度在25~28℃，29℃以上开花受到限制。空气湿度过大、过小均不利开花。土壤湿度小，供水不足，开花受到抑制。当土壤湿度达到田间持水量的 70%~80% 时开花较多。大豆从开始开花到豆荚出现是大豆植株生长最旺盛时期。这个时期大豆干物质积累达到高峰，有机养分在供茎、叶生长的同时，又要供给花荚。因此，只有土壤水分充足、光照条件好，才能保证养分的正常运输，才能促进花芽分化多，花多，成荚多，减少花荚脱落，这是大豆高产中的最重要因素。

（五）鼓粒、成熟期特点

大豆在鼓粒期，种子重量平均每天可增加 6~7 毫克。种子中的粗脂肪、蛋白质及糖类随种子增重不断增加。鼓粒开始时，种子中的水分可达 90%，随着干物质不断增加，水分很快下降。干物质积累达到最大值以后，种子中水分降到 20% 以下，种子接近成熟状态，粒形变圆。鼓粒到成熟阶段是大豆产量形成的重要时期，这时期发育正常与否，影响荚粒数的多少和百粒重的高低及化学成分。子粒正常发育的保证源于两个方面：一是靠植株本身贮藏物质丰富及运输正常，叶片光合产物的供给；另外是靠充足的水分供给。这是促使子粒发育良好，提高产量的重要条件。

第五节
自然环境与大豆生长

一、光强和日照长度

大豆是喜光作物,光饱和点一般在 30 000 ~ 60 000lx。大豆的光饱和点是随着通风状况而变化的。大豆的光补偿点为 2 540 ~ 3 690lx。光补偿点也受通气量的影响。在低通气量下,光补偿点测定值偏高;在高通气量下,光补偿点测定值偏低。需要指出的是,上述这些测定数据都是在单株叶上测得的,不能据此而得出"大豆植株是耐阴的"的结论。

大豆属于对日照长度反应极度敏感的作物。不接受日光照射的植株比经照射的植株早开花 2 ~ 3 天。大豆开花结实要求较长的黑夜和较短的白天。严格说来,每个大豆品种都有对生长发育适宜的日照长度。只要日照长度比适宜的日照长度长,大豆植株即延迟开花;反之,则开花提早。大豆对短日照要求是有限度的,绝非愈短愈好。一般品种每日 12 小时的光照即可促进开花抑制生长,9 小时光照对部分品种仍有促进开花的作用。当每日光照缩短为 6 小时,则营养生长和生殖生长均受到抑制。大豆结实器官的发生和形成,要求短日照条件,不过早熟品种的短日照性弱,晚熟品种的短日照性强。在大豆生长发育过程中,对短日照的要求有转折时期:一个是花萼原基出现期;另一个是雌雄性配子细胞分化期。前者决定能不能从营养生长转向生殖生长,后者决定结实器官能不能正常形成。短日照只是从营养生长向生殖生长转化的条件,并非一生生长发育所必需。认识了大豆的光周期特性,对于种植大豆是有意义的。同纬度地区之间引种大豆品种容易成功,低纬度地区大豆品种向高纬度地区引种,生育期延迟,秋霜前一般不能成熟。反之,高纬度地区大豆品种向低纬度地区引种,生育期缩短,只适于作为夏播品种利用。例如,黑龙江省的春大豆,在辽宁省可夏播。

二、温度

大豆是喜温作物,不同品种在全生育期内所需要的 ≥10℃ 的活动积温相差很大。晚熟品种要求 3 200℃ 以上,而夏播早熟品种要求 1 600℃ 左右。同一品种,随着播种期的延迟,所要求的活动积温也随之减少。春季,当播种层的地温稳定在 10℃ 以上时,大豆种子开始萌芽。夏季,气温平均在 24 ~ 26℃,对大豆植株的生长发育最为适宜。当温度低于 14℃ 时,生长停滞。秋季,白天温暖,晚间凉爽,但不寒冷,有利于同化产物的积累和鼓粒。

大豆不耐高温,温度超过 40℃,坐荚率减少 57% ~ 71%。北方春播大豆在苗期常受低温危害,温度不低于 -4℃,大豆幼苗受害轻微,温度在 -5℃ 以下,幼苗可能被冻死。大豆幼苗的补偿能力较强,霜冻过后,只要子叶未死,子叶节还会出现分枝,继续生长。大豆开花期抗寒力最弱,温度短时间降至 -0.5℃,花朵开始受害,-1℃ 时死亡;温度在 -2℃,植株即死亡,未成熟的荚在 -2.5℃ 时受害。成熟期植株死亡的临界温度是 -3℃。秋季,短时间的初霜虽能将叶片冻死,但随着气温的回升,子粒继续增加。

三、降水

大豆产量高低与降水量多少有密切的关系。东北春大豆区,大豆生育期间(5 ~ 9 月)的降水量在 600 毫米左右,大豆产量最高;500 毫米次之,降水量超过 700 毫米或低于 400 毫米,均造成减产。黄淮海流域夏大豆区,6～9月的降水量若在435毫米以上,可以满足夏大豆的要求。据多点多年的统计资料,播种期(6月上中旬)降水量少于30毫米常常是限制适时播种的主要因素。夏大豆鼓粒最快的9月上中旬降水量多在30毫米以下,即水分保证率不高是影响产量的重要原因。在以上两个时期若能遇旱灌水,则可保证人豆需水,提高产量。

四、土壤有机质、质地和酸碱度

大豆对土壤条件的要求不很严格。土层深厚、有机质含量丰富的土壤,最适于大豆生长。黑龙江省的黑钙土带种植大豆能获得很高的产量就是这个道理。大豆比较耐瘠薄,但是在瘠薄地种植大豆或者在不施有机肥的条件下种植大豆,从经营上说是不经济的。大豆对土壤质地的适应性较强。沙质土、沙壤土、壤土、黏壤土乃至黏土,均可种植大豆,当然以壤土最为适宜。大豆要求中性土壤,pH宜在6.5～7.5。pH低于6.0的酸性土往往缺钼,也不利于根瘤菌的繁殖和发育。pH高于7.5的土壤往往缺铁、锰。大豆不耐盐碱,总盐量<0.18%,NaCl<0.03%,植株生育正常;总盐量>0.60%,NaCl>0.06%,植株死亡。

五、土壤的矿质营养和水分

(一)土壤的矿质营养

大豆需要矿质营养的种类全,且数量多。大豆根系从土壤中吸收氮、磷、钾、钙、镁、硫、氯、铁、锰、锌、铜、硼、钼、钴等10余种营养元素。

氮素是蛋白质的主要组成元素。长成的大豆植株的平均含氮量在2%左右。苗期,当子叶所含的氮素已经耗尽而根瘤菌的固氮作用尚未充分发挥的时间里,会暂时出现幼苗的"氮素饥饿"。因此,播种时施用一定数量的氮肥如硫酸铵或尿素,或氮磷复合肥如磷酸二铵,可起到补充氮素的作用。大豆鼓粒期间,根瘤菌的固氮能力已经衰弱,也会出现缺氮现象,进行花期追施或叶面喷施氮肥,可满足植株对氮素的需求。磷素被用来形成核蛋白和其他磷化合物,在能量传递和利用过程中,也有磷酸参与。长成植株地上部分的平均含磷量为0.25%~0.45%。大豆吸磷的动态与干物质积累动态基本相符,吸磷高峰期正值开花结荚期。磷肥一般在播种前或播种时施入。只要大豆植株前期吸收了较充足的磷,即使盛花期之后不再供应,也不致严重影响产量。因为磷在大豆植株内能够移动或再度被利用。钾在活跃生长的芽、幼叶、根尖中居多。钾和磷配合可加速物质转化,可促进糖、蛋白质、脂肪的合成和贮存。大豆植株的适宜含钾范围很大,在1.0%~4.0%。大豆生育前期吸收钾的速度比氮、磷快,比钙、镁也快。结荚期之后,钾的吸收速度减慢。大豆长成植株的含钙量为2.23%左右。从大豆生长发育的早期开始,其对钙的吸收量不断增长,在生育中期达到最高值,后来又逐渐下降。大豆植株对微量元素的需要量极少,加之多数土壤尚可满足大豆的需要,常被忽视。近些年来,有关试验已证明,为大豆补充微量元素收到了良好的增产效果。

(二)土壤的水分

大豆需水较多。据许多学者的研究,形成1克大豆干物质需水580~744克。大豆不同生育时期对土壤水分的要求是不同的。发芽时,要求水分充足,土壤含水量20%~24%较适宜。幼苗期比较耐旱,此时土壤水分略少一些,有利于根系深扎。开花期,植株生长旺盛,需水量大,要求土壤相当湿润。结荚鼓粒期,干物质积累加快,此时要求充足的土壤水分。如果墒情不好,会造成幼荚脱落,或导致荚粒干瘪。土壤水分过多对大豆的生长发育也是不利的。不同大豆品种的耐旱、耐涝程度不同。例如,秣食豆、小粒黑豆、棕毛小粒黄豆等类型有较强的耐旱性;农家品种"水里站"则比较耐涝。

第三章

大豆高产栽培理论与实践

本章导读： 本章讲述了大豆生长的水肥需求和高产栽培技术措施以及不同生育时期的管理要点。

大豆栽培技术是根据大豆的生长发育规律及其与生态条件的关系,采用相应的调控技术,以达到既充分利用自然资源,又使大豆的生长发育向高产、优质方向发展,发挥出品种的最大增产潜力,最终达到高产、稳产、优质、高效的目标。

第一节
大豆高产的基础

一、夏大豆的需水规律

夏大豆不同生育期对水分的反应有所不同。黄淮海夏大豆播种期处于旱季,土壤水分不足是种子萌动的限制因素,因此足墒播种极其重要。

大豆幼苗期比较怕涝。苗期土壤水分过多,茎部节间伸长。幼苗黄弱,影响产量。足墒播种的地块,苗期一般不需要灌溉。根据根系生长的特点,中耕保墒切断与地面平行横向生长的根系,促其下扎,以利于更好地利用土壤深层的水分。

分枝期,夏大豆根系生长迅速,已形成较强大的根系,地上部分相应较小,比较耐旱。

从初花开始,营养体生长迅速,结荚后期或鼓粒初期达到高峰;同时,生殖生长也逐步加快,干物质积累猛增。开花结荚时期是夏大豆需水最多的时期。开花期遇旱,落花量增加。终花和结荚期遇旱,单株荚数和粒数减少,直接影响产量。鼓粒初期,营养生长接近停止,逐渐转入生殖生长旺盛阶段。鼓粒初期植株需水最为迫切,之后逐渐缓慢减少,但对水分的反应更加敏感。鼓粒前期遇旱,影响每荚粒数和粒重;鼓粒中后期遇旱,主要是影响粒重。

成熟时期较短,天气逐渐变凉,耗水逐渐减少,夏大豆对土壤水分的要求也在逐渐降低。

总之,自初花开始至鼓粒中期(约50天)是夏大豆需水最多、最关键的时期。开花结荚时期,温度较高,需水较多。从种子萌动到出苗期对土壤水分要求也较高,且正值旱季,土壤水分往往难于满足夏大豆生育的要求。

二、大豆养分需求

大豆是需要营养数量大、种类多的作物。形成相同的产量,大豆比禾谷类作物需氮量多4~5倍。大豆需要最多的营养是氮、磷、钾,其次是钙、镁、硫,同时也需要少量的钼、硼、锰、锌等微量元素。

大豆从出苗至始花期,对氮、磷、钾的吸收量只占全生育期吸收总量的1/4~1/3,开花以后营养生长和生殖生长进入旺盛期,对养分的吸收逐渐达到高峰。在氮素的吸收上,大豆苗期所需氮量不多,但若供应不足,幼苗会出现缺氮症状,影响正常生长。开花结荚期,是大豆需氮量最多的时期,此时根瘤固氮力虽强,但仍不能满足大豆生长的需求,需补充氮素。大豆整个生育期都要求较高的磷营养水平,从出苗到盛花期需求最为迫切。出苗到始花期需吸收全生育期需磷总量的15%左右,开花到结荚期吸收约60%,结荚到鼓粒期吸收约20%,鼓粒到成熟期吸收约5%。各生育期钾的吸收量不同,苗期吸收钾量比氮、磷量多,开花结荚期吸钾速度最快,结荚后期达高峰期,鼓粒期吸收速度开始降低。

大豆生长对营养的需求有一定的指标(表3-1)。生产上可作为补充施肥的检测指标。

大豆对土壤要求不严,但在沼泽土和盐碱土上生长不良。以土层深厚、富含有机质、排水良好、保水力强、土壤 pH 6.8~7.5 的土壤最为适宜。

表 3 - 1   大豆生长对几种营养要求的指标(韩天富,2005)

元素	指标
氮	土壤中水解氮含量 30 毫克/千克时,施氮肥增产效果显著,达 50 毫克/千克以上时,施氮效果不显著
磷	植株地上部平均含磷 0.25%~0.45%。开花期植株含磷 0.25%~0.35%为磷营养适宜的指标。土壤中速效磷达 60 毫克/千克以上时,施磷效果不显著;含磷 10~20 毫克/千克时,施磷效果显著
钾	营养生长期,植株体内最适含钾量为 1.0%~4.0%,开花期为 1.1%~2.2%。土壤中含钾 80 毫克/千克以上时,施钾增产效果不显著,低于 50 毫克/千克时,施钾增产效果显著
钼	土壤中有效钼含量低于 0.01 毫克/千克时,表现缺钼
硼	正常生长的植株体内含硼 20~100 毫克/千克。土壤中水溶性硼达 0.5 毫克/千克时,就能满足大豆对硼的需要
锰	植株内最适含量为 30~200 毫克/千克,少于 20 毫克/千克时表现缺锰,多于 1 000 毫克/千克时对植株有害
锌	正常生长的大豆植株体内含锌 30 毫克/千克,少于 15 毫克/千克时施锌效果好

三、大豆新品种介绍

(一)郑 9805

1. 品种来源

豫豆 19×ZP965102,2006 年河南省审,编号为豫审豆 2006001,2010 年国审,编号为国审豆 2010007。

2. 选育单位

河南省农业科学院经济作物研究所。

3. 特征特性

有限结荚习性,株高 78 厘米,株型收敛,分枝 2~3 个,单株荚数 45.1 个。叶卵圆形,紫花,灰毛,荚熟深褐色。子粒圆形,种皮黄色,脐褐色,平均百粒重 18.6 克。黄淮海夏大豆,中熟品种,生育期 107 天。田间综合抗病性好,中抗花叶病毒病落,不裂荚。

4. 产量品质

2003～2004 年河南省区域试验,平均产量 2 537.7 千克/公顷,比对照豫豆 22 增产 8.48%。2005 年生产试验,平均产量 2 661.2 千克/公顷,比对照豫豆 22 增产 11.10%。2007～2008 年黄淮海南片夏大豆品种区域试验,平均产量 2 637 千克/公顷,比对照徐豆 9 号增产 6.0%。2009 年生产试验,平均产量 2 569.5 千克/公顷,比对照中黄 13 增产 10.1%。蛋白质含量 43.12%,脂肪含量 19.64%。

5. 适宜地区

适宜在河南南部、山东南部、江苏和安徽两省淮河以北地区夏播种植。

(二) 郑 196

1. 品种来源

豫豆 25×郑 93048,2005 年河南省审,编号为豫审豆 2005003;2008 年国审,编号为国审豆 2008008。

2. 选育单位

河南省农业科学院经济作物研究所。

3. 特征特性

有限结荚习性,株高 74 厘米,分枝 2.8 个,单株荚数 47.3 个,单株粒数 87 粒。叶卵圆形,紫花,灰毛。子粒圆形,种皮黄色,脐浅褐色,百粒重 17.4 克。黄淮海夏大豆,中熟品种,生育期 105 天。抗花叶病毒病 SC3 株系,中感 SC7 株系;中感大豆胞囊线虫病 1 号生理小种。

4. 产量品质

2002～2003 年河南省区域试验,平均产量 2 552.1 千克/公顷,比对照豫豆 16 增产 9.62%。2004 年生产试验,平均产量 2 859.0 千克/公顷,比对照豫豆 16 增产 12.0%。2006～2007 年黄淮海南片夏大豆品种区域试验,平均产量 2 526.0 千克/公顷,比对照徐豆 9 号增产 9.0%。2007 年生产试验 2 404.5 千克/公顷,比对照徐豆 9 号增产 6.6%。蛋白质含量 40.69%,脂肪含量 19.47%。

5. 适宜地区

适宜在河南全省、山东省西南部、江苏和安徽两省淮河以北地区夏播种植。

(三)周豆 17

1. 品种来源

周 94(23)-111-5×豫豆 22,2008 年河南省审,编号为豫审豆 2008003。

2. 选育单位

河南省周口市农业科学院。

3. 特征特性

有限结荚习性,株高 70~80 厘米,株型收敛,分枝 2~3 个,主茎节数 13~15 个。叶椭圆形,紫花,灰毛,荚熟黄褐色。子粒椭圆形,种皮黄色,脐褐色,平均百粒重 20.3 克。黄淮海夏大豆,中熟品种,生育期 106 天。田间综合抗病性好,落叶性好,子粒整齐,不裂荚。

4. 产量品质

2005~2006 年河南省大豆区域试验,平均产量 2 590.2 千克/公顷,比对照豫豆 22 增产 5.91%。2007 年生产试验,平均产量 2 746.5 千克/公顷,比对照豫豆 22 增产 7.21%。蛋白质含量 37.57%,脂肪含量 20.63%。

5. 适宜地区

适宜在河南省各地种植。

(四)周豆 18

1. 品种来源

周 9521-3-4-10×郑 059,2011 年国审,编号为国审豆 2011006。

2. 选育单位

河南省周口市农业科学院。

3. 特征特性

有限结荚习性,株高 90.7 厘米,株型收敛,分枝 1.8 个,单株荚数 42.8 个。叶椭圆形,紫花,灰毛,荚熟褐色。子粒椭圆形,种皮黄色,微光,脐浅褐色,百粒重 18.7 克。黄淮海夏大豆,中熟品种,黄淮海地区夏播生育日数 107 天。田间综合抗病性好,落叶性好,抗倒性较好,子粒整齐,不裂荚。

4. 产量品质

2008 ~ 2009 年黄淮海南片夏大豆品种区域试验,平均产量 2 713.5 千克/公顷,比对照增产 3.3%(2008 年对照为徐豆 9 号,2009 年对照为中黄 13)。2010 年生产试验,平均产量 2 491.5 千克/公顷,比对照中黄 13 增产 3.8%。蛋白质含量 38.53%,脂肪含量 22.28%。

5. 适宜地区

适宜在河南东南部,江苏、安徽两省淮河以北地区夏播种植,大豆胞囊线虫病易发区慎用。

(五) 周豆 19

1. 品种来源

周豆 13 × 周豆 12,2010 年国审,编号为国审豆 2010009。

2. 选育单位

河南省周口市农业科学院。

3. 特征特性

有限结荚习性,株高 92.0 厘米,株型紧凑,主茎节数 16.2 个,单株荚数 37.8 个,单株粒数 80.9 粒,分枝 2 ~ 3 个。叶卵圆形,紫花,灰毛,叶色深绿,荚熟黄色。子粒椭圆形,种皮黄色,微光,脐深褐色。百粒重 21.9 克。黄淮海夏大豆,中熟品种,生育期 108 天。田间综合抗病性好,落叶性好,子粒整齐,不裂荚。

4. 产量品质

2008 ~ 2009 年黄淮海南片夏大豆品种区域试验,平均产量 2 844 千克/公顷,比对照增产 8.2%(2008 年对照为徐豆 9 号,2009 年对照为中黄 13)。2009 年生产试验,平均产量 2 547 千克/公顷,比对照增产 9.1%。蛋白质含量 40.44%,脂肪含量 22.29%。

5. 适宜地区

适宜在河南周口,山东南部,江苏徐州和淮安,安徽淮河以北地区夏播种植。

（六）安豆1号

1.品种来源

商豆1099中系统选育，2009年河南省审，编号为豫审豆2009004。

2.选育单位

河南省安阳市农业科学院。

3.特征特性

有限结荚习性，株高87.5厘米，株型紧凑，分枝3.2个，单株荚数55.9个，叶卵圆形，紫花，灰毛，荚熟灰褐色，子粒椭圆，种皮黄色，脐褐色，百粒重18.6克。黄淮海夏大豆，中熟品种，生育期107天，田间综合抗病性好，落叶性好，子粒整齐，不裂荚。

4.产量品质

2006～2007年河南省区域试验，两年平均产量2 685.0千克/公顷，比对照豫豆22增产4.8%。2008年生产试验，平均产量2 803.9千克/公顷，比对照豫豆22增产9.73%。蛋白质含量42.38%，脂肪含量21.31%。

5.适宜地区

河南省大豆产区种植。

（七）安豆4号

1.品种来源

商豆1099离子束辐射选育，2011年河南省审，编号为豫审豆2011002。

2.选育单位

河南省安阳市农业科学院。

3.特征特性

有限结荚习性，株高84.3厘米，株型紧凑，分枝2.3个，单株荚数56.2个，叶卵圆形，紫花，棕毛，荚熟深褐色，子粒椭圆，种皮黄色，脐深褐色，百粒重17.1克。黄淮海夏大豆，中熟品种，生育期108天，田间综合抗病性好，落叶性好，子粒整齐，不裂荚。

4. 产量品质

2008~2009年河南省区域试验,平均产量3 049.65千克/公顷,比对照豫豆22增产6.65%。2010年生产试验,平均产量2 565.6千克/公顷,比对照豫豆22增产10.5%。蛋白质含量42.2%,脂肪含量20.18%。

5. 适宜地区

河南省大豆产区种植。

(八) 泛豆5号

1. 品种来源

泛91673×泛90121,2008年河南省审,编号为豫审豆2008002。

2. 选育单位

河南省泛区地神种业有限公司。

3. 特征特性

有限结荚习性,株高82.9厘米,株型收敛,主茎15.1节,分枝2.1个,单株荚数61个,单株粒数120.1粒。叶卵圆形,紫花,棕毛,荚熟淡褐色。子粒椭圆形,种皮黄色,脐深褐色,百粒重16.5克。紫斑率0.6%,褐斑率0.1%。黄淮海夏大豆,生育期107天,抗倒伏性强,抗裂荚性强,落叶性好。中抗大豆花叶病毒株系SC3、SC7。抗紫斑病。

4. 产量品质

2006~2007年河南省大豆区域试验,平均产量2 823.0千克/公顷,比对照豫豆22增产9.4%。2007年生产试验,平均产量2 814.0千克/公顷,比对照豫豆22号增产9.8%。蛋白质含量38.78%,脂肪含量20.29%。

5. 适宜地区

河南省大豆产区种植。

(九) 商豆6号

1. 品种来源

商9202-0×商9211-0,2009年国审,审定编号为国审豆2009021。

2. 选育单位

河南省商丘市农业科学院。

3. 特征特性

有限结荚习性,株高72.6厘米,株形收敛,分枝1.99个,单株荚数44.2个。卵圆形叶,紫花,灰毛,荚熟褐色。子粒椭圆形,种皮黄色,有微光泽,脐褐色,百粒重16.5克。黄淮海夏大豆,中熟品种,生育期107天。田间综合抗病性好,落叶性好,子粒整齐,不裂荚。

4. 产量品质

2005～2006年国家黄淮海南片夏大豆品种区域试验,平均产量2 472.8千克/公顷,比对照徐豆9号增产5.6%。2007年生产试验,平均产量2 354.1千克/公顷,比对照徐豆9号增产4.42%。蛋白质含量42.95%,脂肪含量19.38%。

5. 适宜地区

适宜在河南南部、江苏徐州及安徽淮河以北地区夏播种植。

(十) 商豆14

1. 品种来源

开豆4号×商8653-1-1-1-3-2,2011年河南省审,编号为豫审豆2011004。

2. 选育单位

河南省商丘市农业科学院。

3. 特征特性

有限结荚习性,株高90.7厘米,株形收敛,分枝1.6个,单株荚数50.7个,单株粒数107.4粒。卵圆形叶,紫花,棕毛,荚熟褐色。子粒椭圆形,种皮黄色,有微光泽,脐褐色,平均百粒重17.0克。黄淮海夏大豆,中熟品种,生育期109.6天。抗倒伏,田间综合抗病性好,落叶性好,子粒整齐,不裂荚。

4. 产量品质

2008～2009年河南省大豆区域试验,平均产量3 058.1千克/公顷,比对照豫豆22增产6.94%。2010年生产试验,平均产量2 481.2千克/公顷,比对照豫豆22增产6.86%。蛋白质含量40.77%,脂肪含量 19.9%。

5. 适宜地区

适应河南省全境夏播种植。

（十一）许豆 6 号

1. 品种来源

许豆 3 号×许 9796,2009 年河南省审,编号为豫审豆 2009002。

2. 选育单位

河南省许昌市农业科学研究所。

3. 特征特性

有限结荚习性,株高 92.9 厘米,株型收敛,分枝 2~3 个,单株荚数 45.9 个。叶卵圆形,紫花,灰毛,荚熟灰褐色。子粒圆形,种皮黄色,脐褐色,百粒重 18.6 克。黄淮海夏大豆,中熟品种,生育期 113 天。田间综合抗病性好,落叶性好,子粒整齐,不裂荚。

4. 产量品质

2006~2007 年河南省夏大豆品种区域试验,平均产量 2 685.9 千克/公顷,比对照豫豆 22 增产 3.96%。2008 年生产试验,平均产量 2 826.3 千克/公顷,比对照豫豆 22 增产 10.6%。蛋白质含量 41.31%,脂肪含量 21.08%。

5. 适宜地区

适宜河南省大豆产区种植。

（十二）许豆 8 号

1. 品种来源

许 98662×许 96115,2011 年河南省审,编号为豫审豆 2011001。

2. 选育单位

河南省许昌市农业科学研究所。

3. 特征特性

有限结荚习性,株高 81.2 厘米左右,株型适中,分枝 3 个,单株荚数 40.7 个。披针叶,紫花,灰毛,荚熟褐色。子粒圆形,种皮黄色,脐褐色,百粒重 22.3 克。黄淮海夏大豆,中熟品种,生育期 110 天。田间综合抗病性好,对大豆花叶病毒株系 SC3、SC7 均表现抗病,落叶性好,子粒整齐,不裂荚。

4.产量品质

2008～2009 年河南省夏大豆品种区域试验,平均产量 3 080.2 千克/公顷,比对照豫豆 22 增产 7.75%。2010 年生产试验,平均产量 2 584.05 千克/公顷,比对照豫豆 22 增产 11.3%。蛋白质含量 38.32%,脂肪含量 19.74%。

5.适宜地区

适宜河南省大豆产区种植。

(十三)濮豆 206

1.品种来源

豫豆 21×郑96012,2009 年国审,编号为国审豆 2009018;2011 年河南省审,编号为豫审豆 2011003。

2.选育单位

河南省濮阳市农业科学院。

3.特征特性

有限结荚习性,株高80.4 厘米,株型收敛,分枝 3.0 个,单株荚数49.9 个。叶卵圆形,紫花,灰毛,荚熟褐色。子粒椭圆形,种皮黄色、微光,脐褐色,百粒重21.7 克。黄淮海夏大豆,中熟品种,生育期113 天。根系发达,抗旱、耐涝、耐瘠薄性较强,适应性广,抗倒,抗病性较好。落叶性好,不裂荚。

4.产量品质

2007～2008 年国家黄淮海中片夏大豆品种区域试验,平均产量 2 986.5 千克/公顷,比对照齐黄 28 增产 6.6%。2008 年国家生产试验,平均产量 2 487.3 千克/公顷,比对照齐黄 28 增产 7.13%。蛋白质含量 40.58%,脂肪含量 20.32%。2008～2009 年河南省大豆区域试验,平均产量 3 092.4 千克/公顷,比对照豫豆 22 增产 8.15%。2010 年生产试验,平均产量 2 487.3 千克/公顷,比对照豫豆 22 增产 7.13%。蛋白质含量 43.41%,脂肪含量 19.52%。

5.适宜地区

适合黄淮海中部地区(豫、晋、冀、鲁、陕)各省份种植;尤其适宜在河南中部和北部、山西南部、河北南部、山东中部和陕西关中地区种植。

（十四）开豆41

1. 品种来源

开豆 4 号系选,2009 年河南省审,编号为豫审豆 2009003。

2. 选育单位

河南省开封市农林科学研究院。

3. 特征特性

有限结荚习性,株高 76 厘米,分枝 2 ~ 4 个,株型收敛,单株荚数 49.9 个,单株粒数 102 粒。叶圆形,紫花,灰毛,荚熟褐色。子粒椭圆形,种皮黄色,脐色褐色,百粒重 18.4 克。黄淮海夏大豆,中熟品种,生育期 110 天,落叶整齐,不裂荚,耐阴性好。

4. 产量品质

2005 ~ 2006 年河南省区域试验,平均产量 2 653.7 千克/公顷,比对照豫豆 22 增产 8.46%。2007 ~ 2008 年生产试验,平均产量 2 696.8 千克/公顷,比对照豫豆 22 增产 5.9%。蛋白质含量 39.6%,脂肪含量 20.98%。

5. 适宜地区

适合河南各地区种植。

（十五）驻豆 6 号

1. 品种来源

驻 90006 × 豫豆 21,2008 年河南省审,编号为豫审豆 2008001。

2. 选育单位

河南省驻马店市农业科学院。

3. 特征特性

有限结荚习性,株型收敛,株高 72 厘米,分枝 2.6 个,单株荚数 55.0 个,荚熟褐色,粒椭圆,种皮黄色,脐浅褐色,百粒重 18.4 克。黄淮海夏大豆,生育期 105 天,抗倒伏,不裂荚,落叶性好,抗花叶病毒病,抗旱性达 1 级。

4. 产量品质

2004~2005 年河南省夏大豆区域试验,平均产量 2 618.85 千克/公顷,比对照豫豆 22 号增产 5.39%。2007 年生产试验,平均产量 2 821.55 千克/公顷,比对照豫豆 22 号增产 10.1%。蛋白质含量 44.31%,脂肪含量 19.52%。

5. 适宜地区

适宜在河南省夏大豆主产区种植。

(十六) 驻豆 7 号

1. 品种来源

驻 9220×豫豆 16,2010 年河南省审,编号为豫审豆 2010002。

2. 选育单位

河南省驻马店市农业科学院。

3. 特征特性

有限结荚习性,株型收敛,株高 80 厘米,分枝 2.5 个,单株荚数 53.7 个,叶长卵形,浅绿色。紫花,灰毛,荚熟褐色。粒椭圆形,种皮黄色,脐褐色,百粒重 19 克。黄淮海夏大豆,生育期 104 天,抗倒性好,不裂荚,落叶好,抗大豆花叶病毒病。

4. 产量品质

2007~2008 年河南省夏大豆区域试验,平均产量 2 920.95 千克/公顷,比对照豫豆 22 增产 5.45%。2009 年生产试验,平均产量 2 608.2 千克/公顷,比对照豫豆 22 号增产 10.78%。蛋白含量为 42.75%,脂肪含量为 19.53%。

5. 适宜地区

适宜在河南全省种植。

第二节
大豆高产栽培技术

一、轮作倒茬

　　大豆不耐连作。原因有以下几个方面：①土传病虫害加重，如大豆胞囊线虫、根腐病等；②根系分泌物积累，根系分泌物的过多积累不仅对大豆造成直接毒害，而且破坏大豆根际微生物的群系平衡，影响根瘤菌的活性；③土壤养分的偏耗，重茬使土壤中磷、钾元素过度消耗，锌、硼等微量元素减少，影响大豆的生长发育；④土壤理化性状恶化，重茬导致土壤容重增大，透气性降低，不利于根的下扎。

　　在黄淮海地区，可采用的轮作方式有：冬小麦—夏大豆—冬小麦、冬小麦—夏大豆—冬小麦—夏玉米或其他杂粮等轮作方式。

二、适时播种

　　黄淮海夏大豆应在 6 月上中旬麦收后进行，过早会导致病虫害加重。本地区夏大豆的播期受降雨及土壤墒情的影响很大，麦收后土壤墒情好或麦收后降雨，大豆可及时早播。麦收后干旱，墒情差，可以通过灌水造墒后播种。灌水最好采用喷灌的方式进行，既可以确保田间灌水均匀，避免因土地低洼造成田间积水，影响大豆播期的一致性；同时也可以减少田间的灌水量，节约灌溉成本。

三、施肥

(一)大豆的施肥原则和依据

大豆施肥不仅要考虑大豆产量的提高,还要考虑施肥的经济效益。施肥应根据大豆生长发育对营养的要求,同时必须了解土壤养分的供应能力,根据需要确定施肥种类、数量、时期和方法以及各种营养元素的配合。在确定施肥方法时,还要考虑轮作制度和播种方法的影响。一般高产大豆的施肥原则应坚持以施用有机肥为主,有机、无机相结合;增施化肥,氮、磷配合,补施微肥;高产田重施磷、钾肥,薄地重施氮、磷肥;以基肥为主,追肥为辅,酌情施用种肥和叶面喷肥。

据河南省农业科学院植物营养与资源环境研究所研究,优质高产大豆底肥用量 $N：P_2O_5：K_2O$ 比例(0.3~0.4):1:(0.8~1.0),即 4~6 千克 N,10 千克 P_2O_5,8~10 千克 K_2O,相当于每亩施尿素 3~5 千克,磷酸二铵(18% N,46% P_2O_5)25 千克,氯化钾(60% K_2O)15 千克。追肥应减少到 40% 左右。

有机肥养分全,肥效持久,施用有机肥能培肥地力,为大豆生长发育源源不断地提供氮、磷、钾及各种微量元素。同时,有机肥能改善土壤物理性状,增加疏松程度,增强土壤的保水保肥能力,使根系发育健壮,给高产创造良好基础。另外,有机肥所含养分大部分为有机状态,施入土壤后通过微生物活动,逐步地将养分释放,肥效稳,不会像氮素化肥那样,施用过多,肥效集中而抑制大豆根瘤菌的固氮活动,相反还有利于根瘤菌的形成。有机肥在分解过程中,还可增强大豆的二氧化碳营养,促进光合作用。

(二)夏大豆的施肥方法

1.底肥

有机肥最好是在播种前耕地时掩底,每亩用农家肥 3 000~4 000 千克,或饼肥 40~50 千克。在增施农家肥的同时,还应以合理比例的化肥作底肥,以磷为主,氮素化肥为辅。一般每亩施磷肥 25～30 千克,尿素 3～5 千克或碳酸氢铵 20 千克,或每亩施磷酸二铵 25 千克。还可每亩施钾肥(硫酸钾)10 千克。一般大田不缺钾,高产大豆需肥量大,钾不足需补充。

农活紧张,不能给大豆施底肥,可有计划地把两季作物该施的底肥一次性地施在大豆的前茬作物小麦上,使大豆利用残肥,获得较好收成。大豆施底肥,可根据具体情况灵活掌握。农家肥质量高,土壤基础好,前茬作物施肥多的可以少施,否则应多施。

2. 种肥

在大豆播种时,使用少量速效性化学肥料与种子同时播下或施在播种沟、穴内,以便幼苗在生长初期吸收利用,这种肥料称为种肥。种肥要科学施用,注意掌握好以下原则:

(1)在使用方法上　种肥一定要分层施,避免种子直接接触化肥,发生烧种现象。

(2)在化肥种类上　要注意化肥种类,挥发性强的肥料(如碳酸氢铵)不能作种肥,防止烧种和降低出苗率。一般氮肥多用尿素、硫酸铵等。

(3)在氮素施用量上　氮素化肥用量不宜过大,用量过大往往影响种子出苗,降低发芽率。使用尿素一般每亩用量不要超过 2.5 千克。

3. 追肥

大豆追肥应根据田间苗的长势而定,如水肥充足,大豆有旺长趋势,不可追肥,而要控制。通常情况下追肥是可以起到增产效果的,尤其是肥力不足时,追肥增产效果更明显。

黄淮海地区夏大豆追肥应在开花前的分枝期,或在始花期或鼓粒初期进行,一般 7 月中下旬或 8 月中旬为最适追肥期,这样可以满足开花到鼓粒大豆干物质积累所需的大量养分。

追肥要注意氮、磷配合施用,氮、磷协调供应,使植株体内氮、磷代谢功能增强,利于氮、磷的吸收利用,提高肥效。磷肥对大豆生长发育的影响比氮肥更明显,磷肥增产效果的大小与土壤中有效磷含量有关,土壤中有效磷在 60 毫克/千克以上,施磷增产效果小且不稳;有效磷低于 10 毫克/千克,增产显著。施用时期以开花前的分枝期为好,施用量以每亩 10 千克磷酸二铵或氮磷钾复合肥为宜。

钾不仅能增加大豆产量,改善大豆品质,而且还具有提高大豆适应外界不良环境的能力。钾肥的增产效果依不同土壤条件有明显差别。在缺钾土壤上,大豆施钾对其生长发育,延长叶片功能期,增加干物质积累,提高固氮能力有良好影响,而且增产显著。在耕层土壤有效钾含量 100 毫克/千克以上时,施钾增产效果不明显。钾肥应在分枝期施用,每亩用量以 6 千克硫酸钾为好。

4. 叶面喷肥

叶面喷肥通过叶面直接吸收,能够起到和根部施肥相同的作用,而且可以减少土壤固定和随水流失,所以比根施见效快,利用率高。

叶面喷洒所用肥料为速效性的。人工喷洒一般每亩用肥料量为:磷酸二氢钾 150 ~ 200 克,尿素 1 ~ 1.5 千克,钼酸铵 20 ~ 30 克,硼砂 75 ~ 100 克。需要加水 50 千克。这些肥料可单独喷洒,也可混合喷洒。为了兼治病虫害,还可与农药混合喷洒。鼓粒初期或中期施用,增产效果显著。

5. 测土配方施肥

测土配方施肥是以肥料的田间试验和土壤测试为基础,根据作物需肥规律、土壤供肥能力和肥料效应,在合理使用有机肥的基础上,提出氮、磷、钾及中、微量元素等肥料的施用品种、数量、施肥时期和使用方法的一种施肥技术。它包括配方和施肥两个程序。其中"配方"是核心,即根据作物产量目标、土壤肥力状况、肥料特性和生态环境进行产前定肥及其定量,"施肥"是根据"配方"合理安排基肥和追肥比例,追肥次数、时期和用量,采用有效的施肥方法,如氮肥深施、磷肥集中施、钾肥在前中期施、微肥喷施等,以发挥肥料最大增产作用。

在大豆播种前,取耕层 20 厘米以内的土样,并多点混合均匀,置干净地方晾干后送有关化验室化验分析。根据化验结果和大豆计划产量指标,制定施肥配方,有针对性地指导大豆施肥。这种技术既能节省肥料,减少投资,又能不断培肥地力,并使有限的肥料获得更大的增产效益。

四、影响大豆品质的因素

大豆的品质是由遗传特性和环境条件共同决定的。选用优质品种,在适宜的地区,通过相应的栽培管理措施,才能生产出优质大豆。可见,品种是优质大豆生产的内因,环境条件和栽培措施是外因。

(一)内因

大豆品种在营养成分和外观品质方面有很大差异。在栽培大豆品种中,蛋白质含量的变幅在 35%～50%,脂肪含量的变幅在 10%～24%。大豆在其他品质性状方面的品种差异也很大。进行优质大豆的生产,首先需要根据生产目的,选择合适的品种。

(二)外因

1. 环境条件

影响大豆品质的生态因子很多,归纳起来,主要有温度、光照、水分、土壤营养元素等。

(1)温度 气温是影响大豆油分含量的主要生态因子。在一定的温度范围内,大豆生育期间的气温与油分含量负相关,昼夜温差与油分含量正相关,昼夜温差越大,油分含量越高。温度过低,含油率也会降低。大豆结荚鼓粒期间,如果平均温度低于 20℃,便不利于糖分的形成和向脂肪的转化,因而含油率低。但如果温度高于 35℃,尤其是昼夜温差小的情况下,则又不利于糖分的积累,因而,含油率也不高。

(2)光照 光照对大豆品质的影响分为两种:一是日照长度(可照时数)或称光周期,二是光照强度。研究表明,开花后的光照长度对大豆油分和蛋白含量均有极显著的影响,光照长度增加,油分含量升高,蛋白质含量下降。我国大豆的脂肪含量从北向南逐步降低,蛋白含量明显升高,原因之一就是大豆开花鼓粒期间北方日照长,南方日照短。光照强度越高,大豆的油分含量越高。巴西等赤道国家大豆脂肪含量高与日照强度大有关系。

(3)水分 对不同年份和地点蛋白质含量的分析表明,降水量与脂肪含量负相关,而与蛋白含量正相关。轻度干旱的地点和年份脂肪含量有所上升,降水多的地点和年份蛋白质含量较高,但严重干旱或严重内涝可导致大豆生长发育不良,会使蛋白质和脂肪含量都明显降低。从严重干旱时灌溉或遇雨,大豆的脂肪和蛋白质含量均呈上升趋势。水分到达一定适值后,增加灌水或雨涝又会导致油分和蛋白含量的下降。因此,遇旱灌溉、逢涝排水,不仅可以提高大豆产量,也可以显著增加蛋白质和脂肪含量,是增产保质的有效措施。

我国大豆蛋白质含量南高北低,而油分含量北高南低与南方降水多、北方降水少也有关系。

(4)土壤养分 土壤有机质含量高,往往含氮量高,有利于提高大豆的蛋白质含量。反之,土壤有机质含量低或磷、钾含量相对高的土壤大豆脂肪含量往往较高。增施磷、钾肥有利于大豆油分含量的提高。氮磷钾肥总量与大豆品质的关系因施肥水平而异。当施肥水平较低时(相当于亩施氮磷钾纯量20千克),蛋白质和油分含量均随施肥总量增加而增加;施用量继续提高时,蛋白质含量仍然增加,但幅度较小,而油分含量下降。油分含量在氮、磷、钾总量达到中等偏低水平时含量最高,以后逐渐下降。

除了氮、磷、钾以外,钙、镁、硫等中量元素和一些微量元素对大豆的油分及其他化学品质也有一定影响。在多数情况下,施硫、镁肥可以提高大豆的脂肪含量,施钼、硼、锰、锌、硒等微肥可提高蛋白质含量。

地理因素如纬度、海拔、地势等是通过影响环境因子而影响大豆品质的。北方高纬度地区日照较长,光能充足,气温较低,降水较少,温差较大,有利于油分的形成而不利于蛋白含量的提高,是高油大豆的集中产地;南方地区日照较短,降水充足,温度较高,温差较小,不利于油分的积累而有利于蛋白质含量的提高,是生产高蛋白大豆的理想地区。高海拔地区温度过低,不利于油分的积累。理想的高油分大豆产区环境条件是:纬度在北纬 40°~45°;土层深厚,有机质含量 5%~6%,中性至弱酸性;大豆开花结荚鼓粒期间,白天气温 30~32℃,夜间 19~22℃,每 4~5 天有一场夜间雷雨,白天放晴;鼓粒后期天气放晴,气温下降至白天 25℃左右,夜间 15~16℃。

2. 栽培措施

栽培措施(如土壤耕作、轮作倒茬、播期调节、合理密植、灌水和施肥、病虫草害防除、适期收获贮藏等)通过调控光、温、水、热、肥等生态因子对大豆生长发育和物质生产、运转和积累产生影响,从而决定大豆的产量和品质。

(1)土壤耕作措施　土壤耕作措施改变土壤的结构和水、肥、气、热状况。

(2)种植措施　种植方式和密度通过改变田间植株分布而调控大豆对光能的利用和对水肥的吸收。

(3)施肥措施　施肥措施增加土壤养分,保证大豆对各种肥料的需要。

(4)植物保护措施　各项植物保护措施通过控制病、虫、草害,改善大豆生长发育所需的光、温、水、气、热、肥条件,减少光合产物的损失。

(5)适期收获贮藏措施　及时收获和合理贮藏能使大豆的品质保持在最佳状态,并避免混杂、霉变等损失。

五、黄淮海夏大豆主要生育期的栽培管理措施

黄淮海夏大豆的全生育期自北向南由 95 天左右到 115 天逐渐拉长。因豆麦轮作是该区重要耕作制度,北部小麦夏季收获晚秋季播种早,南部小麦夏季收获早秋季播种晚,所以北部需要早熟品种,南部需要中熟偏晚品种,以适应豆麦两熟的耕作制度。夏大豆主要生育期分为幼苗期、分枝期、花荚期、鼓粒成熟期。栽培管理措施如下:

1. 品种的选择

选用优良品种是一项投资少、见效快的农业增产措施。不同的品种有不同的生态特性和适应范围,同一品种在不同条件下的产量、生育期性状等有时差别很大。选用优良品种时,首先要了解品种的特性,并且考虑当地的无霜期长短、土壤肥力、耕作制度、栽培水平、地势和水利条件等,选用最适合当地条件的优良品种才能获得最高产量和经济效益。

(1)根据温度、耕作制度选择品种 黄淮海夏大豆产区从北向南有效积温逐步升高,北部要考虑前茬小麦收获腾茬晚,下茬小麦播种早的特点,应选用生育期90多天的早熟大豆品种;黄淮海中部地区应选用生育期100~105天的中熟大豆品种;黄淮海南部地区前茬小麦收获腾茬较早,且下茬小麦播种较晚,应选用生育期110天左右的中熟品种。近年,气候变暖,小麦播种推迟,黄淮南部地区可选用生育期在120天左右的中晚熟品种。

(2)根据土壤的水肥条件和地势选择品种 平原地区水肥条件较好,应选用有限结荚习性、株高中等偏矮、秆硬抗倒、叶片较小、透光性好的大豆品种。丘陵旱地或平原瘠薄地应选用亚有限结荚习性、生长繁茂、分枝强的大豆品种。

(3)根据地力选用适当的品种 中高肥力以上的土地应选用茎秆粗壮、植株稍矮、抗倒耐肥的大豆品种。

2. 准备种子

为了达到苗齐、匀、壮的目的,在选用优良品种的基础上,需要对种子进行精选。将豆种中的杂子、病子、破子、秕子和杂质去除,选留饱满、子粒大小整齐、无病虫、无杂质的种子。精选的方法有风选、筛选、粒选和机选,可视条件而定。

(1)对种子进行发芽和出苗试验 是保证一播全苗的措施之一。优良种子发芽率应在95%以上,田间出苗率应在85%以上。如果发芽率或出苗率较低,要加大播种量,以保证全苗。

(2)大豆种子包衣 是一项高新技术。将精选的种子包上种衣剂,种衣剂是由杀虫剂、杀菌剂、微肥、激素等制成的膜状物质。种衣剂在种子播入土壤后,几乎不被溶解,在种子周围形成防止病虫害的保护屏障,并缓慢释放,被内吸传输到地上部位,继续起防治病虫害的作用。种衣剂内的微肥和激素则起肥效和刺激根系生长的作用。种衣剂在土壤中可持续药效 45～60 天。

(3)确定播量 黄淮海夏大豆产区主推品种的百粒重大都为 17～23 克,在一般行距 0.4～0.5 米时,根据子粒大小每亩 4～5 千克为适宜种子播量。

3. 幼苗期

夏大豆从出苗到分枝出现,称为幼苗期,一般品种 17～25 天,约占整个生育期的 1/5。幼苗终期可形成 4 片真叶,茎粗可达到总茎粗的 1/4,根系可深达 40 厘米,占总根长的 1/2。这一阶段是以生长根茎叶为主的营养生长时期。幼苗对低温的抵抗能力较强,最适宜温度 25℃左右。此期幼苗较能忍受干旱,适宜土壤湿度为 10%～22%。幼苗期需要营养、水分处于全生育期最少阶段,但又是促进根系生长的关键时期。

(1)夏大豆幼苗期主攻目标 苗全苗壮,根系发达,茎叶茂盛。为达此目标必须抓紧时间查苗补苗,在苗全的基础上及早实行人工手间苗、定苗,注意及早中耕灭茬,防止地下害虫危害幼苗。

(2)缺苗断垄管理措施 夏大豆生产上最突出的问题。为夺丰收,夏大豆出苗后,应逐行查苗。凡断垄 30 厘米以内的,可在断垄两端留双株。凡断垄 30 厘米以上的,应补苗或补种。补苗越早越好,最好对子叶展开,对生叶尚未展开的芽苗进行带土移栽。移栽应于下午 4 时后进行,栽后及时浇水,成活率可达 95% 以上。补种也应及早进行,对种子可浸泡催出芽后补种。

(3)实行大豆人工手间苗培育壮苗 是提高大豆产量的一项简便易行的增产措施。在全苗的基础上,实行人工手间苗,单株匀留苗,能使大豆植株分布均匀,有利于地上部生长发育,充分利用光能,促进生成庞大的根系,增加根瘤,合理利用地力,协调地下部和地上部、个体与群体的关系。

(4)合理间苗 大豆间苗一般是一次性的,时间宜早不宜迟,大豆齐苗后即可进行。间苗过晚,幼苗拥挤,互相争水、争肥、争阳光、根系生长不良,植株生长瘦弱。手间苗的株距因品种、土地肥力略有不同,一般情况下为 0.4~0.5 米行距,株距应在 13 厘米左右。间苗时拔去密集的、成堆成疙瘩的苗,弱苗,病苗,小苗,其他品种的混杂苗,留壮苗、好苗,达到幼苗健壮、均匀、整齐一致。如遇干旱或病虫害严重,可先疏苗间苗,后定苗,分两次手间苗。

(5)壮苗管理 适期播种的大豆,在适宜的光、温、水、肥条件下可生长成壮苗。壮苗的标准是,根系发达,侧根多,根瘤多,子叶肥厚,幼茎粗壮,节间短,分枝多,叶片无缺位,叶色正。对于高肥土地的壮苗,应适当蹲苗,促进根系发育,防止后期倒伏。对于肥力条件好、墒足、生长偏旺的壮苗,要控制其生长,可深中耕 3~5 厘米,伤一部分表层细根,促进根系下扎。在伤根的初期,根部吸收能力受到影响,旺长可得到控制。随着根系的逐渐恢复,根系吸收能力将更强,为以后的丰产打下良好的基础。对土壤肥力基础差的大豆壮苗,要早追肥、早浇水、避免水肥接不上,壮苗塌架,影响中后期的生长发育。

(6)弱苗管理 大豆弱苗的一般标准是:苗瘦弱,叶小,茎细,根少,叶色淡,叶面无光泽,生长速度慢。大豆弱苗产生的原因有多个方面。因干旱造成的弱苗,应浇水,然后锄地保墒;因水渍造成的弱苗,应锄地松土散墒,并追肥促苗;因缺肥造成的弱苗,可追肥浇水;因密度过大造成的弱苗,要手间苗,并追肥浇水;因晚播或播种过深形成的弱苗,可追肥、浇水、中耕促苗。

4. 分枝期

夏大豆从分枝出现到开花为分枝期,从播种到分枝期 25 天左右。花芽分化期的开始也就是分枝期的开始,此期一般 20 天左右,是夏大豆生长发育的旺盛时期,矿质营养日平均积累速度为幼苗期的 5 倍。分枝期实际上是营养生长和生殖生长共同进行时期,此时根瘤已具有固氮功能,根瘤菌由寄生关系进入与根系的共生关系。

(1)光照管理 大豆是短日照作物,形成花芽时,较长的黑夜和较短的白天,促进生殖生长,抑制营养生长。短光照阶段是夏大豆花

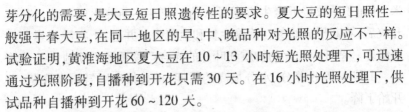

芽分化的需要,是大豆短日照遗传性的要求。夏大豆的短日照性一般强于春大豆,在同一地区的早、中、晚品种对光照的反应不一样。试验证明,黄淮海地区夏大豆在 10～13 小时短光照处理下,可迅速通过光照阶段,自播种到开花只需 30 天。在 16 小时光照处理下,供试品种自播种到开花 60～120 天。

(2)温度管理　分枝期花芽分化的最适温度是日均温 20～25℃,温度较高花芽分化快,较低花芽分化慢。

(3)分枝期的主攻目标　植株强壮,促进分枝和花芽分化。具体措施是清除杂草,中耕培土,有条件的地区遇旱可浇水。注意防治造桥虫、菜青虫、棉铃虫、蚜虫和红蜘蛛等的危害。

(4)追肥管理　肥力偏低的土地在分枝期追肥是经济有效的办法。从开花到鼓粒,是需肥高峰期,在此之前的分枝期追肥,恰好可以满足大豆养分的需求。大豆追肥,要注意氮、磷的配合,这不仅能使土壤缺磷状况得到改善,而且由于氮、磷的协调供应,使植株体内氮、磷代谢功能增强,有利于对氮、磷的吸收利用,从而提高肥效。一般大豆在开花前每亩追施氮磷钾复合肥 15～20 千克,可达到明显的增产效果。

5. 开花结荚期

开花株数达总数一半的日期定为开花期。河南省夏大豆自播种到开花一般 40 天左右,不同品种差异很大。据 900 余份黄淮海各省夏大豆 1999 年在郑州的试验,自播种到开花 27～77 天。自开花到终花,有限结荚习性的大豆 20 天左右,无限结荚习性大豆 30～40 天。夏大豆每天开花时间随各地温度、湿度等气候条件而不同,一般清晨 5:00～8:00 开花最多,其次是下午 3～4 时,夜间开花极少。从花蕾膨大到开花 3～4 天。每朵花开花持续时间短的 30 分,长的可达 20 小时。黄淮海夏大豆 8 月上中旬为结荚期。结荚期和开花期无明显的界限,大豆从开花后 15～20 天,幼荚可发育成为成荚的大小,这　时期可称为大豆的花荚期。

(1)大豆花荚期的生长发育　大豆花荚期是生长发育最旺盛的时期。茎叶和根系生长非常迅速,据测定,株高日增长 1.4～1.5 厘米,叶面积系数接近全生育期最大值。花芽不断分化成花蕾。花蕾开放后,不断形成幼荚。营养生长和生殖生长并进,干物质积累在此期最多。茎叶内贮存的物质和叶片的光合产物源源不断地向花荚输送。此期是吸收养分、水分最高的时期,也是根瘤固氮的高峰期,并开始下降。

(2)温度、湿度管理 夏大豆花荚期最适温度白天为 22～29℃,夜间为 18～24℃。适宜的空气相对湿度为 74%～80%。此期如遇连阴,光照不足,养分供应不足,干旱或雨涝都会导致落花落荚。

(3)大豆花荚期的主攻目标 促进多开花、多结荚、保花保荚、减少脱落。

(4)水肥管理 在前期苗全、苗匀的基础上,根据具体情况加强水肥管理。对播种偏晚、土壤瘠薄、群体偏小的大豆,要利用初花阶段长枝叶的一段时间,努力促花,有条件的可浇水以调肥,可叶面喷肥,分枝期未追肥的可追施少量氮肥,尿素 2～3 千克/亩。对前期长势旺,群体大,有徒长趋势的大豆,要在初花期及早控制。花荚期处于雨季,遇涝注意排水。此期要注意病虫害防治,如蜡象、造桥虫、豆天蛾等。

6. 鼓粒成熟期

8 月中旬,当子粒明显鼓起的植株达 50% 以上时,即进入鼓粒期;当豆粒鼓起达到最大体积与重量时,即进入黄熟期,直至成熟。9月中下旬,河南省夏大豆逐渐进入成熟期,此时大豆植株变干,叶及叶柄脱落,豆荚内种子收圆变硬,具有本品种色泽。手摇豆棵,豆荚内种子发出哗啦啦响声,即为成熟期,也是大豆收获的适宜期。

(1)大豆鼓粒期的生殖生长 鼓粒期营养生长逐渐停止,生殖生长居于首位。光合强度有所降低,无论是光合产物或矿质养分,都从植株各部位向豆荚和子粒转移。大豆鼓粒以后,植株本身逐渐衰老,根系逐渐死亡,叶片变黄脱落,种子脱水干燥,由绿变黄,变硬,呈现该品种固有子粒色泽和种粒大小,并与荚皮脱离,摇动植株时荚内有轻微响声,即为成熟期。

(2)鼓粒期环境条件管理 鼓粒成熟期同样需要足够的水分和养

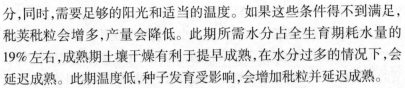

分,同时,需要足够的阳光和适当的温度。如果这些条件得不到满足,
秕荚秕粒会增多,产量会降低。此期所需水分占全生育期耗水量的
19%左右,成熟期土壤干燥有利于提早成熟,在水分过多的情况下,会
延迟成熟。此期温度低,种子发育受影响,会增加秕粒并延迟成熟。

(3)大豆鼓粒成熟期的主攻目标及田间管理措施　大豆鼓粒成
熟期的主攻目标是保叶、保根,延长叶片和根系的功能期。在田间管
理措施方面,必须满足后期生育所需要的养分和水分,及时防治病虫
害,遇旱浇水,及时排涝,鼓粒前期可叶面喷肥。成熟期应降低土壤
水分,加速种子和植株变干,便于及时收获。还应防止肥水过多,造
成贪青晚熟,影响及时收获和倒茬,对有裂荚习性的品种要注意早收
获,以免造成损失。

7.收获及入仓

(1)收获管理　裂荚的品种,可适当提前收获,其他品种不宜过
早或过迟。收获过早,干物质积累还没有完成,会降低百粒重,或出
现青秕粒,影响品质;收获过晚,易引起炸荚造成损失。

(2)入库贮藏管理　大豆收回后,要摊开晾,风干至含水量13%
以下才可入库贮藏。简易办法可用牙咬一下豆粒,如果两豆瓣迅速
分开,说明含水量不高。含水量高的大豆容易丧失发芽力。含水量
10%以下的大豆,在10℃保存10年以上仍可发芽;含水量12%～
13%的大豆在常温下可保存2年仍能发芽。

(3)暴晒管理　脱粒后的大豆不可在烈日下暴晒,这样种皮容易
破裂,并且粒色变白,影响商品价值。同时,暴晒也可导致种子的芽
率降低,尤其不可在水泥路面或晒场上暴晒。

六、黄淮海夏大豆栽培技术模式

(一)大豆免耕覆秸精量播种栽培技术

随着黄淮海地区小麦产量水平的提高和田间秸秆量的加大,以
及劳动力成本的增加,为降低生产成本,大豆科研工作者提出了大豆

免耕覆秸精量播种配套栽培技术。

大豆麦茬免耕覆秸节本栽培是在小麦机械收获并全部秸秆还田的基础上,集成秸秆覆盖、化学除草、病虫害防控、化学调控等单项技术配套的栽培技术。免耕覆秸可增加土壤蓄水量,提高水分利用效率,增加土壤有机质含量等。该技术的突出优点是精量播种,可省种20%;下子均匀,无疙瘩苗出现,不用间苗,省工;苗匀,确保高产。免耕可使土壤保持一定的紧实度,连续降雨后土壤不易变得过软或过稀,大豆不易发生根倒。与常规技术相比,麦茬免耕覆秸栽培技术可增产大豆10%左右,水分和肥料利用率提高10%以上,亩增收节支60元以上。同时,耕层表面有秸秆覆盖,土壤有机质含量不断增加,肥力不断提高,秸秆覆盖减少了水分蒸发,也减少了焚烧秸秆造成的环境污染。

但是,采用免耕精量播种栽培技术,也给种子的质量提出了更高的要求,精量播种必须选用有较高发芽率和较强发芽势的种子,以确保不缺苗、不断垄。

大豆免耕覆秸精量播种栽培技术的技术要点有以下几个方面:

1. 播种

(1)选种 选用高产、优质的大豆品种。精选种子,确保种子有较高的发芽率和较强的发芽势。每亩播种量3.5千克左右,保苗22.5万株/公顷。

(2)适期早播 小麦收获后及时播种,宜早不宜迟,底墒不足时造墒播种。

(3)播种 采用2BMF-3B型钢齿型大豆免耕覆秸播种机,精量点播,拔秸、开沟、施肥、播种、覆土、覆秸一次性完成,行距40厘米,播深3~5厘米。

(4)施肥 每亩施种肥(复合肥氮∶磷∶钾=15∶15∶15)10~15千克,或在前茬(小麦)整地时,在小麦正常施肥的基础上每亩施磷肥(P_2O_5)10千克,钾肥(K_2O)10千克。注意种子与化肥分层施用,避免烧种。

2. 田间管理

(1)杂草控制 播种后、出苗前用都尔、乙草胺等化学除草剂封闭土表。出苗后用高效盖草能、虎威等除草剂进行茎叶处理。

（2）病虫害防治　做好蛴螬、豆秆黑潜蝇、蚜虫、甜菜夜蛾、食心虫等虫害及大豆根腐病、细菌性斑疹病等病害的防治工作。

（3）化学调控　高肥地块可在初花期喷施烯效唑等植物生长调节剂，防治大豆旺长，后期倒伏。肥力低的地块可在盛花、鼓粒初期喷施少量尿素、磷酸二氢钾和硼、锌微肥等，防治后期脱肥早衰。

（4）及时排灌　大豆花荚期和鼓粒期遇严重干旱时要及时浇水，雨季遇涝要及时排水。

3. 适时收获

当叶片发黄脱落、荚皮变干、手摇植株有响声时收获。

（二）夏大豆免耕节本栽培技术

该技术是在小麦机械收获并秸秆还田的基础上，集成保护性机械耕作、播后或苗后化学除草、病虫害防控化控等单项技术的配套栽培技术体系。随着配套农机具的不断完善，大豆免耕栽培技术已经成为黄淮海地区小麦—大豆一年两熟区主要节本增效栽培模式。与常规技术相比，免耕栽培技术可增产大豆 10% 左右，水分和肥料利用率提高 10% 以上，亩增收节支 60 元以上，土壤有机质含量不断增加，肥力不断提高，水土流失减少，也避免了焚烧秸秆造成的环境污染。

夏大豆免耕节本栽培技术的技术要点有以下几个方面：

1. 麦秸粉碎　采用小麦联合收割机收获小麦，并加带秸秆粉碎抛撒装置，小麦收获的同时将粉碎秸秆均匀抛撒。小麦留茬高度 20 厘米以下，粉碎秸秆长度 10 厘米以下。如果小麦联合收割机上未加装秸秆粉碎和抛撒装置，或粉碎不彻底，可用锤爪式秸秆粉碎机粉碎秸秆。

2. 播种

（1）选种　选用适合当地种植的高产、优质大豆品种。精选种子，确保种子出芽率。每亩播种量 4.5 千克左右，保苗 1.5 万株/亩。

（2）适时早播　麦收后及时播种，土壤墒情差时造墒播种，首选喷灌造墒，避免因田间地势不平造成积水。

（3）机械播种　精量匀播，开沟、施肥、播种、覆土一次性完成。行距 40 厘米，播深 3～5 厘米。

（4）施肥量　播种时,每亩施磷酸二铵 10～15 千克,硫酸钾 10 千克,或大豆专用复合肥 20～25 千克。注意化肥与种子分开施用,以避免烧种。

3. 田间管理

（1）杂草控制　播种后、出苗前用都尔、乙草胺等化学除草剂封闭土表。或在出苗后用高效盖草能（防除禾本科杂草）、虎威（阔叶杂草）等除草剂进行茎叶处理。

（2）病虫害防治　做好甜菜夜蛾、蚜虫、食心虫等虫害及大豆根腐病、细菌性斑疹病等的防治工作。

（3）化学调控　高肥地块可在初花期喷施多效唑等植物生长调节剂,防治大豆旺长,后期倒伏。肥力低的地块可在盛花、鼓粒初期喷施少量尿素、磷酸二氢钾和硼、锌微肥等,防治后期脱肥早衰。

（4）及时排灌　大豆花荚期和鼓粒期遇严重干旱时要及时浇水,雨季遇涝要及时排水。

4. 适时收获

当叶片发黄脱落、荚皮变干、手摇植株有响声时收获。

（三）夏大豆撒播浅旋简化栽培技术

该技术在江苏徐州和安徽淮北一带应用较多,小麦机械收获在后板茬的基础上,种子、化肥一起撒播,然后用旋耕机浅旋一遍并镇压,随后喷洒除草剂。该技术能节约成本、简化栽培、增加产量。撒播浅旋栽培比耕翻土地机械播种栽培每亩减少成本 50 元。撒播浅旋大豆生长一致,起到明显的增产作用。

夏大豆撒播浅旋简化栽培技术的技术要点有以下几个方面:

1. 麦茬处理

小麦收获后将秸秆进行打包处理,运出田间,随后粉碎麦茬。

2. 人工撒播种子、肥料

一般中等肥力地块每亩撒播种子 6 千克,复合肥（N∶P_2O_5∶K_2O =15∶15∶15）15 千克;中上等肥力田块每亩撒播豆种 5 千克,复合肥（N∶P_2O_5∶K_2O =15∶15∶15）10 千克。为了保证均匀,豆种和肥料分两次撒施。

3. 旋耕机浅旋

种子、化肥撒完后,用旋耕机浅旋一遍,深度5厘米左右。

4. 镇压保墒

旋耕机后面带镇压器或木板随时镇压,保墒。

5. 喷施除草剂

镇压后用乙草胺等除草剂进行封闭土表,防除杂草。

6. 田间管理

出苗后3~4片叶时,一般用2.5%三氟羧草醚对阔叶型杂草进行防治;用1.8%的阿维菌素和高氯氟氰酸酯防治食叶性害虫,如甜菜夜蛾、斜纹夜蛾等;用吡虫啉防治刺吸式害虫,如豆芽、烟粉虱等。

(四)高蛋白大豆保优栽培技术

高蛋白大豆是大豆种子粗蛋白在45%以上的品种。大豆品质除了与大豆品种本身的遗传性有关外,还与大豆生长的环境条件有关。黄淮南部地区是我国的高蛋白大豆产区,雨水充沛,鼓粒期比北方湿润,昼夜温差比北方小,是我国大豆主产区中形成大豆蛋白质的最佳生态区。高蛋白大豆广泛用于食品加工业,每千克售价比普通大豆高0.10元左右。应用高蛋白大豆高产栽培技术,每亩增产大豆5%以上,经济效益明显。

高蛋白大豆保优栽培技术的技术要点有以下几个方面:

1. 品种的选择

品种的遗传性决定着大豆的品质,生产高蛋白大豆首先要选用高蛋白大豆品种。目前黄淮南片推广的高蛋白品种有豫豆22、豫豆25、郑92116、皖豆24、皖豆23等。

2. 选择具有灌溉条件的田块

选择土壤肥沃,具有灌溉条件的标准化农田种植高蛋白大豆,保证在鼓粒期遇旱的条件下进行灌溉,有利于保持和发挥高蛋白大豆原品种的高蛋白性状。

3. 增施磷、钾肥

大豆是喜磷、钾作物,施用磷、钾肥除提供磷、钾营养外,还能促进根瘤生长,提高固氮能力,同时对增强大豆抗旱、抗病、抗倒性具有良好的作用。一般施过磷酸钙 25 千克/亩,硫酸钾 7.5 千克/亩,与有机肥同时翻入作基肥。在大豆结荚鼓粒期,喷施 1% 的磷酸二氢钾,对增产也有一定的作用。特别是肥力水平低的田块,增施磷肥增产效果更显著。

4.适期播种

根据大豆蛋白形成对气候条件的要求,黄淮南片夏大豆应争取在麦收后 6 月 15 日前播种,9 月底成熟,有利于保持大豆品种本身应有的蛋白含量。

5.施用种肥,并微肥拌种

黄淮南部麦收后为赶农时,一般不施底肥,生产上可采取施用种肥的办法来弥补底肥的不足,满足大豆苗期生长的需要。种肥以磷钾肥为主,配合少量氮肥,或是氮磷钾复合肥。注意与种子分层施。

微肥拌种也是一项行之有效的增产措施,常用微肥有钼酸铵、硼砂、硫酸锰等。注意钼肥拌种不能用铁器接触,以免影响肥效。

6.田间管理

(1)杂草控制 每亩用 50% 的乙草胺 100 毫升加 48% 的广灭灵对水 25 千克,播种后土表喷雾,对多种杂草都有很强的抑制作用。

(2)中耕 及时中耕培土,促进植株健壮生长。

(3)旱浇涝排 大豆开花到鼓粒期需水量较大,土壤含水量低于 25% 时,会导致落花落荚,应及时灌水,以喷灌为宜。雨水过大时,及时排水。

(4)追肥 鼓粒初期追施氮肥,即可满足大豆鼓粒对养分的需要,又不会造成旺长,有利于提高百粒重,增加产量。一般开花结荚期每亩施尿素 10 千克。结合灌溉施于大豆行间。也可喷施叶面肥,一般每亩用肥料量为:磷酸二氢钾 150 ~ 200 克,尿素 1 ~ 1.5 千克,加水 50 千克喷雾。

(5)防虫 注意大豆甜菜夜蛾、蚜虫、食心虫等的防治工作。

7.适时收获

当叶片发黄脱落、荚皮变干,手摇植株有响声时收获。

（五）夏大豆"一三三"高产栽培技术

1. 一播全苗（苗匀苗齐是大豆高产的基础）

播种时间：麦收后至 6 月 25 日前播种。播种晚了可适当提高密度。

适宜土壤墒情的把握：手抓起，握紧能结成团，一米高放开，落地后能散开，土壤含水量 19%～20%，过湿过干对出苗均有影响。

播种：用精量播种机，播深 3～5 厘米。

2. 三水（确保三个关键时期的水分供应）

1）播种出苗水（苗齐是高产的基础）　播种时，如果土壤墒情不足（土壤含水量 18% 以下），就浇水造墒播种；也可等雨后抢墒播种，但易晚。灌水最好是播种后喷灌，可在播种后当天喷灌一次，出苗前（播种后第 4 天）再喷灌一次，确保出苗。

2）开花结荚水（减少落花、落荚，增加单株荚数）　开花结荚期（播种后 40～55 天），大豆需水量较大，是大豆需水的关键时期。这时要求田间较为湿润。开花结荚期如果出现干旱（连续 10 天以上无有效降水），就立即浇水。

3）鼓粒水（增加单株有效荚数、单株粒数和百粒重）　鼓粒期（播种后 55～90 天）是子粒形成的关键时期。这一时期干旱缺水，则秕粒、秕荚增多，百粒重下降。如果出现干旱（连续 10 天以上无有效降水或土壤水分含量低于 25%）就立即浇水，减少落荚，确保鼓粒。

3. 三肥（确保三个关键时期的养分供应）

1）地肥或底肥（培肥地力，保障养分的持续供应）　播种时每亩施氮磷钾复合肥 15～20 千克。注意：与种子分层施，以免烧种，影响出苗。

2）鼓粒初期追肥（保荚、促鼓粒，增加有效荚数、单株粒数和百粒重）　鼓粒初期（播种后 50 天左右）是子粒形成的关键时期，每亩追施氮磷钾复合肥 10～20 千克。

3）鼓粒中后期喷施叶面肥（增加百粒重）　鼓粒中后期（播种后 70～90 天）对大豆产量形成至关重要，每 7～10 天叶面喷施磷酸二氢钾 1 次，可延缓大豆叶片衰老，促进鼓粒，增加百粒重，提高产量。

附:

1. 豆田除草剂的使用

1)苗前除草剂的使用　　在大豆播种后出苗前采用化学除草剂封闭土壤防治杂草,一般每亩用50%乙草胺乳油50毫升或72%都尔乳油150毫升,对水50千克土表均匀喷雾。

2)苗后化学除草　　在大豆4叶期内效果最好。单子叶杂草可在大豆2~4片叶时用10%精喹禾灵乳油50毫升/亩,对水30~40千克均匀喷雾,或用盖草能(10.8%)30~40毫升/亩,对水30千克均匀喷雾;双子叶杂草可在大豆3~4片叶时用氟磺胺草醚(25%)15~20毫升/亩或三氟羧草醚(21.4%)10~15毫升/亩,对水30千克均匀喷雾。

2. 大豆虫害的防治

1)甜菜夜蛾　　幼苗期发生严重,1.8%阿维菌素或2.5%高效氟氯氰菊酯2 000倍液茎叶均匀喷雾。

2)食心虫　　一般在8月上中旬成虫盛期可用40.7%毒死蜱乳油75~100毫升/亩,对水30千克喷雾。8月下旬为卵孵化高峰期,每亩用40.7%毒死蜱乳油60毫升加1.8%阿维菌素10毫升,加水30千克均匀喷雾。

第四章

大豆生理性病害发生及防治

本章导读：本章讲述了大豆生长所需的大量元素氮、磷、钾以及微量元素钙、铁、锌、硼等的生理作用，缺素症状和防治措施。

第一节

大豆生长发育所需的营养元素

　　大豆是需要矿质营养数量多、种类全的作物,在无机营养中,需要量最多的是氮、磷、钾,其次是钙、镁、硫,只需要微量的是铁、锰、锌、铜、硼、钼、钴、氯等。所有这些元素在大豆产量形成中都是不可缺少和不可代替的。有些微量元素由于需要量小且土壤中含量可满足,常被人们所忽视,如果长期不加以补充,必将对产量产生影响。

一、氮、磷、钾对大豆生长发育的作用

　　大豆在生长发育过程中,需要不断从土壤中吸收各种营养物质,氮、磷、钾是其中不可少的三要素。

(一) 氮

　　氮在夺取大豆高产方面起着十分重要的作用。氮素是蛋白质的主要组成元素。大豆富含蛋白质,所以氮在大豆植株各器官中的含量比较高,成长的植株平均含氮量占总重的2%左右,子粒和根瘤中含量高达6%~7%。没有氮就不能形成蛋白质,也就没有植物的生命。氮能促进大豆枝叶的茂盛生长,增加绿色面积,加强光合作用和积累营养物质,使大豆枝多、花多、荚多。但是氮素过多和过少对大豆生长也不利。氮素过多,会使大豆茎叶徒长,通风透光不良,加重营养生长与生殖生长的矛盾,造成花荚大量脱落,影响产量。氮素不足,大豆植株代谢受阻,植株矮小,分枝少,叶片小而薄,呈现黄色或浅绿色,严重时植株早衰早亡。氮肥对于大豆的增产效果与土壤中

有效氮的含量及土壤肥力有关。土壤肥力水平高,施氮肥效果低;反之,效果好。据试验和经验,前茬小麦亩产 400 千克以上的高产田种豆一般不用施氮素化肥,前茬小麦亩产 250 千克以下的,施氮肥增产效果显著。中低产田大豆一般每亩施尿素 7.5 千克左右,沙土薄地苗期追肥效果好,中上等地力以初花期追施效果好。

(二) 磷

磷素在大豆分生组织中最多,种子中的含量 0.4% ~0.8% ,是形成核蛋白和其他磷化合物的重要组成元素。磷参与主要的代谢过程,如糖、脂肪、蛋白质的转化,在能量传递和利用过程中,也有磷酸参与。磷素对大豆生长发育的作用比氮素还明显。它既有利于营养生长,又能促进生殖生长,磷素充足,种子中蛋白质、油分含量高。大豆植株的含磷量:叶片 0.6% ~1.5% ,叶柄与茎 0.8% ~0.9% ,开放花朵 1.4% 。在磷素供应充足的情况下,大豆吸磷高峰出现在结荚、鼓粒期。磷在大豆植株内是能够移动和再利用的,只要前期吸收了较多的磷,即使盛花期停止供应,也不致严重影响产量。缺磷则影响细胞分裂,叶色深绿或蓝绿,严重时低部叶片的叶脉间缺绿,根瘤减少,固氮能力下降,植株矮化。黄淮大豆产区土壤普遍缺磷,大豆施磷肥比施氮肥增产效果明显,底施或苗期追施效果较好,一般每亩用过磷酸钙 30 ~40 千克。

(三) 钾

钾在植物体代谢方面起着重要作用。钾是多种酶的活化剂,能促进核蛋白质的合成,提高光合强度,促进氮素吸收。钾在生育前期与氮一起加速植株营养生长;中期和磷配合可加速碳水化合物的合成,促进脂肪和蛋白质的形成,并加速物质转化,使其成为可贮藏的形态;在后期,钾能促进可塑性物质的合成及其向子粒的转移。此外,由于钾能提高碳水化合物的合成速率和加快向根部输送的速度,为固氮作用提供充足的能量,促进根瘤形成和固氮作用。钾的另一个作用是促进机械组织的发育,使茎坚韧、抗倒、抗病。大豆缺钾时,植株体内水溶性氮化物含量高,蛋白质合成受阻,碳水化合物代谢紊乱。严重缺钾,光合作用受到抑制,呼吸作用增强,底叶向下卷曲,叶尖和叶脉出现黄色斑点,并逐渐坏死。随着产量的提高,缺钾现象逐渐显示出来,高产田应酌情补施钾肥,底施或苗期追施,每亩用硫酸钾15千克为宜。

二、微量元素对大豆生长发育的作用

微量元素在大豆中一般仅含万分之几,甚至十万分之几,如钼、硼、铜、锰、铁、锌等。它们含量虽然少,但参与一些重要的生化过程,有着不可缺少、不可代替的重要作用,缺乏这种元素就会严重影响大豆生长发育和产量形成,对大豆品质也有不利影响。大豆需要的微量元素主要从土壤中吸收。随着生产条件的改变,单位面积产量的提高,原来不缺乏的某种微量元素也可能会显得不足。因此,及时补充土壤中缺乏的微量元素是大豆高产的重要措施。微量元素过多也会使大豆受害,产生不良后果,必须在土壤化验的基础上,有针对性地适时适量补充施用。

微量元素对大豆的增产效果常因土壤的有效含量和施用方法不同而差别很大。据报道,土壤有效钼含量小于0.15毫克/千克为缺钼临界值,有效硼含量低于0.5毫克/千克为缺硼临界值。据河南省农业科学院土壤肥料研究所试验,钼肥有增产效果的占91%,平均增产10.2%;锌肥有增产效果的占84.1%,平均增产10.1%;铜肥有增产效果的占72%,平均增产8.4%;硼肥平均增产13.7%。

三、大豆根瘤及其作用

大豆根在生长过程中分泌一种物质,吸引根瘤菌聚集于根毛处,并在根毛附近大量繁殖。根毛在根瘤菌刺激下,顶端发生弯曲和膨胀,并使根毛细胞壁发生内陷生长,形成一条细小的内生管(也叫侵入线)。侵入线生长到根的皮层细胞时,释放出根瘤菌,根瘤菌分泌物刺激根皮层的厚膜细胞迅速分裂,这样就在根的表面出现很多小突起(小疙瘩),这些小突起就叫根瘤。

　　大豆根瘤菌把空气中的氮分子合成氨分子供给大豆生长发育需要,叫作根瘤固氮作用。据试验观察,大豆出苗 7 天后即开始结瘤,真叶展开期开始固氮,至开花期固氮量急剧增加,盛花结荚到鼓粒期达到高峰,以后根瘤老化而固氮停止。根瘤菌的固氮量为大豆一生需氮量的 1/2 ~ 3/4,是大豆重要氮素来源。但单靠根瘤菌固氮还不能满足大豆夺高产对氮素的需要。大豆根瘤固定的氮素除一部分供大豆自身需要外,还有一部分残留在土壤里,所以把大豆茬称为"肥茬"。

第二节

大豆营养缺乏症及防治

　　当某种营养元素在大豆体内缺乏时,会导致一系列物质代谢和运转障碍,表现出营养失调症状。大豆缺乏不同的营养元素,植株往往形成有特征特性的症状,表现在作物的根、茎、叶等器官的异常生长及推迟或提早作物生育时期,最终导致减产。可以根据大豆的症状,判断其缺乏的营养元素种类,及时科学地增加大豆营养,提高大豆产量。

一、大豆营养缺乏症的表现

(一)缺氮 (图 4 - 1)

　　大豆缺氮时,导致蛋白质合成减少,细胞小且厚,细胞分裂少,植株生长缓慢而矮小,叶小且薄,易脱落,茎细长;在复叶上沿叶脉有

图 4-1　缺氮(引自网络)

平行的连续或不连续铁色斑块,褪绿从叶尖向基部扩展,乃至全叶呈浅黄色,叶脉也失绿。缺乏氮素时,新生组织得不到充足的氮素供应,老叶蛋白质就开始分解为氮和氨基酸,向新生部位转移,氮素被再度利用;老叶蛋白质被分解,又得不到氮素供给,发生死亡。随着新叶的生长,叶片的枯黄症状由下部老叶向上部发展,严重时直至顶部新叶。

(二)缺磷(图4-2)

图 4-2　缺磷(引自网络)

　　大豆缺磷时,植株瘦小,叶色变深呈浓绿或墨绿色,无光泽,叶厚,凹凸不平,叶片尖窄直立;茎硬且细长,生长缓慢,根系不发达,严重时茎和叶均呈暗红色;花期和成熟期延迟,开花后叶片呈现棕色斑点,根瘤小且发育不良。植株早期叶色深绿,以后下部叶叶脉间缺绿。缺磷症状一般从茎部老叶开始,逐步扩展到上部叶片。子粒小。缺磷严重时,叶脉黄褐,后全叶呈黄色。

（三）缺钾（图4-3）

图4-3 缺钾

因为钾在大豆体内移动性较大,再利用程度高,所以大豆缺钾症状要比缺氮、磷出现的时间晚。典型缺钾症状是在老叶尖端和边缘开始产生失绿斑点,后扩大成块,斑块相连,向叶中心蔓延,后期仅叶脉周围呈绿色。黄化叶难以恢复,叶薄,易脱落。缺钾严重的植株只能发育至荚期。根短、根瘤少,植株瘦弱。严重时在叶面上出现斑点状坏死组织,最后干枯成火烧焦状。

（四）缺钙（图4-4）

大豆是需钙较多的作物,缺钙的大豆根系呈暗褐色,根瘤着生数少,固氮能力低,花荚脱落率增加。开花前钙不足时,叶边缘出现蓝色斑点,叫深绿色,叶片有密集斑纹。叶缘下垂、扭曲,叶小、狭长,叶端呈尖钩状。结荚期缺钙,叶色黄绿,荚果深绿至褐绿色,并有斑

图 4 - 4　缺钙(引自网络)

纹。延迟成熟。钙在植物体内移动性很小,再利用率低。缺钙严重时,顶芽枯死,上部叶腋中长出新叶,不久也变黄。当土壤钙含量很丰富,但土壤水分较少时,大豆也容易发生缺钙症状。

(五)缺镁 (图 4 - 5)

图 4 - 5　缺镁(引自网络)

　　镁是叶绿素的组成成分和多种酶的活化剂,对大豆的营养作用是多方面的。在三叶期即可显症,多发生在植株下部。大豆缺镁时,早期叶片变淡绿色以至黄色,并出现棕色小斑点;后期表现为叶片边缘向下卷曲,并由边缘向内逐渐变黄,或呈青铜色。

（六）缺硫（图4-6）

图4-6　缺硫(引自网络)

硫是大豆蛋白质形成所必需的元素，且在作物体内移动性不大。缺硫表现为叶片失绿和黄化比较明显，且顶部叶片较下部表现明显。染病叶易脱落，迟熟。缺硫大豆子粒品质下降。

（七）缺铁（图4-7）

图4-7　缺铁(引自网络)

铁是大豆根瘤菌中豆血红蛋白的成分，也是根瘤固氮酶中钼铁蛋白的成分。缺铁时固氮酶没有活性，根瘤菌也不能固氮；早期上部叶片发黄并微卷曲，叶脉仍保持绿色；严重缺铁时，新长出的叶片包括叶脉几乎变成白色，而且很快在靠近叶缘的地方出现棕色斑点，老叶变黄、枯萎而脱落。大豆缺铁的症状多发生在 pH 较高的土壤中。

（八）缺硼（图4-8）

图4-8 缺硼

硼能促进碳水化合物的运输。在 pH 大于 7 的碱性土壤中易缺乏硼元素。4 片复叶后开始发病，花期进入盛发期。新叶失绿，叶肉出现浓淡相间斑块，上位叶较下位叶色淡，叶小、厚、脆。缺硼严重时，顶部新叶皱缩或扭曲，上、下反张，个别呈筒状，有时叶背局部现红褐色。生长发育受阻，不开花或开花不正常，结荚少而畸形，迟熟。主根短、根颈部膨大，根瘤小而少。主根顶端死亡，侧根多而短，僵直短茬，根瘤发育不正常。严重者导致大幅度减产甚至绝收。

（九）缺锰（图4-9）

图4-9 缺锰

大豆对锰的反应比较敏感，在大豆植株中，锰大部分集中分布在

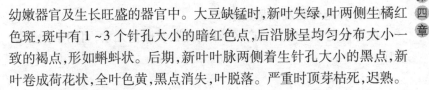

幼嫩器官及生长旺盛的器官中。大豆缺锰时,新叶失绿,叶两侧生橘红色斑,斑中有1~3个针孔大小的暗红色点,后沿脉呈均匀分布大小一致的褐点,形如蝌蚪状。后期,新叶叶脉两侧着生针孔大小的黑点,新叶卷成荷花状,全叶色黄,黑点消失,叶脱落。严重时顶芽枯死,迟熟。

(十) 缺铜

大豆缺铜时,植株生长瘦弱,植株上部复叶的叶脉呈绿色,其余部分呈浅黄色,呈凋萎干枯状,叶尖发白卷曲,有时叶片上出现坏死的斑点。侧芽增多,新叶小且丛生。缺铜严重时,在叶片两侧、叶尖等处有不成片或成片的黄斑,斑块部位易卷曲呈筒状,大豆植株矮小,严重时花荚发育受阻,不能结实。

(十一) 缺锌

大豆缺锌时,植株生长缓慢,下位叶有失绿特征或有枯斑,叶片呈柠檬黄色,出现褐色斑点,叶狭长,扭曲,叶色较浅。植株纤细,迟熟。严重缺锌时,引起"小叶病"和"簇叶病",导致大豆减产。

(十二) 缺钼

大豆是喜钼作物。钼缺乏时,大豆植株矮小,叶色转黄,叶片上出现很多细小的灰褐色斑点,叶片增厚发皱向下卷曲,上位叶色浅,主、支脉色更浅。支脉间出现连片的黄斑,叶尖易失绿,后黄斑颜色加深至浅棕色。有的叶片凹凸不平且扭曲。有的主叶脉中央,现白色线状。根瘤发育不良。

二、大豆缺素症的防治方法

(一) 增施有机肥

每亩施用腐熟的有机肥1 000~2 000千克,可预防大豆多种矿质元素缺乏症,也是重要的增产措施之一。

(二) 田间灌水

大豆花期保持土壤湿润,但田间灌水要防止大水串灌、漫灌,避免土壤养分流失。

（三）补施化肥及微量元素

在有机肥不足的大豆产区,补施化肥及微量元素,可防治大豆缺素症。

1. 补施尿素

在分枝或初花期每亩追施尿素 3 ~ 5 千克或每亩用 1% 尿素 50 千克喷施,可预防或矫正大豆氮素缺乏症。

2. 补施过磷酸钙

每亩基施 15 ~ 25 千克过磷酸钙,可预防大豆缺磷、缺硫。

3. 补施硫酸钾

每亩施 5 千克硫酸钾或 80 千克草木灰、窑灰钾肥,或出现缺钾症后喷 0.5% 硫酸钾液 50 千克,可防治大豆缺钾症,钾肥可作底肥或追肥,施用时间宜早不宜迟。

4. 补施石灰

每亩施含镁丰富的石灰 75 千克,可防治大豆缺钙及缺镁症。

5. 补施硫酸亚铁

常用硫酸亚铁作根外追肥,每亩喷施 50 千克 0.3% ~ 0.5% 的硫酸亚铁,可防治大豆缺铁症。

6. 补施硫酸锌

用硫酸锌作基肥、种肥或追肥,但更适合种子处理和根外追肥。拌种 500 克种子用 1 ~ 3 克,浸种浓度为 0.02% ~ 0.05%;根外追肥浓度为 0.01% ~ 0.05%,每亩用 60 千克溶液。

7. 补施硫酸锰

硫酸锰可作基肥、种肥、追肥。基肥每亩用 1 ~ 4 千克;拌种 500 克种子用 2 ~ 4 克,浸种浓度为 0.05% ~ 0.1%,浸 12 ~ 24 小时;根外追肥浓度为 0.05% ~ 0.1%,每亩用 60 千克喷施。

8. 补施钼肥

钼肥可作基肥、拌种、浸种和根外追肥。常用的钼肥品种为钼酸铵,基肥亩用 50 ~ 200 克;拌种 500 克种子用 1 ~ 3 克,将钼酸铵用适量的 40℃ 温水溶解,凉后拌种;浸种浓度为 0.05% ~ 0.1%,浸泡 12 小时;根外喷施浓度为 0.02% ~ 0.05%,每亩喷 50 ~ 75 千克,在苗期或现蕾期施 1~2 次效果更好。

9. 补施硫酸铜

每亩喷施 50 千克 0.1% 硫酸铜,可防治大豆缺铜。

10. 补施硼酸、硼砂

硼酸和硼砂,可作基肥、追肥和根外喷施。每亩用125 · 500 克硼砂与有机肥混匀作基肥或与适量氮肥混匀追施;也可每亩施 0.3 千克硼酸或用 0.1% 硼砂拌种,可防治大豆缺硼。硼肥施用必须按推荐用量控制,以防过高造成硼中毒。

第五章

低温对大豆生长发育的影响与防救策略

本章导读：本章讲述了低温对大豆生长发育的影响，包括℃以上低温(冷害)和℃以下低温(冻害)对大豆造成的危害以及应对措施。

大豆是喜温作物,温度直接或间接地影响着大豆的生长、发育和最终产量,在各生长发育阶段,大豆对温度都有不同的要求,大豆最适生长温度为日平均气温 20~25℃,整个生育期所需积温,一般要求2 400~3 800℃,种子萌发期、幼苗期、花芽分化期、开花期、结荚鼓粒期和成熟期,所需的最适温度均有差异。在大豆整个生长期的任一阶段,不适宜的温度,对大豆生长都会造成影响并直接影响最终的产量。下面我们分两章对低温(详见本章内容)和高温(详见第六章内容)对大豆生长的影响及应对措施进行讨论。

第一节
低温对大豆生长发育的影响

一、大豆低温灾害的成因

植物低温伤害包括冷害和冻害。冰点以上低温对植物的危害叫作冷害,本质上是低温对植物体造成的生理损伤使膜相由液晶态变为凝胶态,植物膜透性增加,原生质流动减慢,代谢紊乱。引起冷害的温度一般为 0~10℃或 15℃。冰点以下低温对植物的危害叫作冻害,是因结冰引起的:胞间结冰是由于细胞质过度脱水,蛋白质空间结构破坏而使植物受害;胞内结冰伤害的原因主要是机械伤害。冻害发生的概率很小,低温冷害具有普遍性,而且对农作物的生长发育影响很大。引起冷害的低温胁迫在作物生长发育的不同阶段中均能造成不利的影响,如种子萌发、植株生长、光合、坐果、产量和品质形成等过程。而冷害造成的后果是苗弱、植株生长迟缓、萎蔫、黄化、局部坏死、坐果率低、产量降低和品质下降等,同时引起植物群体生长

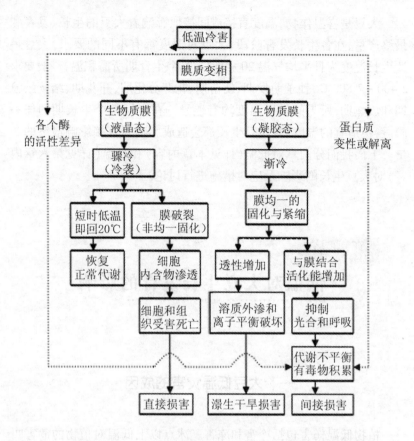

图 5-1　低温冷害产生机理(Meyer,1992)

发育的不平衡性,对机械收获十分不利。冷害对植物体的损伤程度
除取决于低温外,还取决于低温维持时间的长短。低温程度较轻、时
间较短,则使细胞原生质的生活力降低、植物生长停滞,如低温持续
时间过长,或程度较深,则会延迟植物的生长发育,进而引起产量下
降,严重时甚至导致植物死亡。低温冷害对植物体造成损伤的直接
表现是叶片呈水渍状或果实上出现斑点,这些生理受损组织往往易
受病菌的侵染或造成局部坏死。引起叶片水渍状的原因是低温引起
细胞膜系统半透性损伤,导致细胞质外渗的结果,引起水渍状的时间
由几小时至几天,长短不等,主要取决于物种和温度。同时,植物体

水分状况及光照条件、发育时期、营养状况也能间接影响冷害的程度,植物发生冷害机理见图5-1。

二、低温对大豆萌发及苗期的影响

大豆从萌动到出苗对温度反应很敏感。在5厘米土层中,温度在6℃以下时,种子难以萌动;6~8℃可以发芽但十分缓慢;可满足温度为12~14℃;最适温度为20~22℃;33~36℃发芽最快,但幼苗细弱。大豆幼苗期对低温有一定的抵抗力。幼苗期最适宜温度为20℃,这时地上和地下部生长都较快,干物质积累高,发育协调。温度过低则发苗迟缓,过高则幼苗纤细、徒长。黄土高原春播大豆在苗期常受低温影响,一般在不低于-4℃时幼苗受害轻微,温度降至-5℃时幼苗可能全部冻死。真叶出现后,抗寒力显著减弱,受害后可依赖子叶节出现分枝补偿。

在大豆正常播期,有些地区会持续出现降雪(如东北地区)、降雨(如黄淮海地区)和低温(全国各地均有发生)天气,导致气候和节气看起来比常年推迟,也因此导致大豆晚播。由于低温常容易引起出苗时间延长造成畸形苗,或者种子霉烂变质而丧失发芽能力,造成大豆减产。大豆正常条件下出土时间是4~5天,低温条件下要7天才出土,常常导致大豆播种后芽腐、根腐等病害加重和苗期食叶性害虫及地下害虫发生危害加重,同时也会导致田间草荒严重,杂草防除难度加大。温度较低,伴随湿度较大,土表面会出现霉菌(图5-2)。

冻害和冷害是常见的自然灾害之一,对大豆减产非常显著。冻害常见于春秋之际的晚霜和早霜,低温冷害出现于各个时期。冻害发生后,叶片受害程度较重。叶片比较单薄,含水量高,受冻后,叶肉细胞内的细胞器和原生质中出现冻晶,使这些细胞器受到破坏。气温升高后,原生质大量外溢,细胞失去活性,叶片青枯,同化作用终止。叶脉细胞同样受到损伤,失去养分输送能力,相对于叶片、叶柄、茎及鼓粒后的荚、生长点的分生组织受害较轻。冻害过后,组织功能

土表出现霉菌　　　　土表及萌发正常

图5-2　温度和湿度对大豆萌发的影响

在某种程度上可以恢复。大豆子叶期有较强的抗冻能力,真叶出现后,抗冻力减弱。受冻后,叶片枯死,但子叶节的潜伏芽以后可长出分枝,形成双茎。黄土高原春大豆分枝期后很少出现冻害。鼓粒成熟期遇霜会杀死叶片,但叶柄和茎部养分仍可向子粒输送一部分,可是子粒大小就难以达到遗传固有的程度,是减产的主要因素。

　　冷害是温度低于生物学温度要求对大豆生长发育产生不良影响的现象。在生殖生长阶段,冷害的影响比较明显。发生冷害的原因,主要是低温导致一些酶的合成减少,使正常的生长发育过程受到抑制,供给花、荚的营养成分减少或雄蕊受害不健全,花荚脱落严重,导致最终减产。

三、大豆开花期和鼓粒期低温对大豆子粒营养物质积累及产量的影响

大豆开花期最适温度为 22~25℃。生物学最低温度为 16~18℃。低于 18℃植株体内营养物质合成受阻,落花落荚增多,如遇 15℃左右低温,雄蕊发育受害,难以完成授精过程,产生单性结实现象。

大豆鼓粒期,营养生长已基本停止,生殖生长正处于旺盛期,植株体内有机营养大量向子粒运转,子粒逐渐膨大,是大豆干物质积累最多的时期。大豆从鼓粒期到成熟期所需的最适温度为 19~23℃,温度低于 8~14℃,有机物质运输受到影响。成熟阶段植株冻死的临界温度为 -3℃。短时酷霜虽能将叶片杀死,但气温恢复正常后,鼓粒过程仍可以进行,但子粒饱满程度受到影响。在生产中,由于晚播或播种晚熟品种,在 8 月下旬至 9 月上旬,尚在开花的地块,因秋风秋雨,气温下降,大豆叶片光合作用减弱,幼荚发育缓慢或停止,严重影响大豆灌浆速度,会造成较高的空秕率;大豆鼓粒期对磷、钾肥料的需要量较多,此期,这些养分由根系从耕层以下土壤中吸取,而耕层以下土壤中的养分转化释放能力弱,这就导致了大豆对养分的需求与土壤供肥能力不协调,容易出现营养不足而早衰,成为限制大豆高产的主要因素。

第二节

大豆低温灾害的防救策略

一、大豆萌发和苗期阶段低温灾害的防救策略

（一）适当降低播种深度，加快大豆出苗时间

大豆播种深度直接影响幼苗出土速度，播种过深，加之地温低，幼苗生长慢，组织柔嫩，地下根部延长，根易被病菌侵染，使病情加重。

（二）播前浸种预处理

应用固体种衣剂"大豆微复药肥 1 号"进行大豆种子包衣，或用 2% 菌克毒克播前拌种防治大豆根腐病；出土后，应用 2% 菌克毒克喷洒叶面；用 25% 甲霜灵可湿性粉剂 800 倍液或 72% 杜邦克露可湿性粉剂 700 倍液对水喷雾，叶面喷洒时可对叶面肥。

（三）应用大豆除草剂

推迟大豆播种期可能使田间杂草防除难度加大。在这种特殊的气候条件下，苗前封闭除草效果可能受到影响，因此，应积极准备进行茎叶除草，可选用 48% 异恶草松 600 ~ 750 毫升/公顷 + 48% 苯达松 1 500 ~ 2 000 毫升/公顷或 48% 苯达松 1 500 ~ 2 000 毫升/公顷 + 25% 氟磺胺草醚水剂 900 ~ 1 200 毫升/公顷。若禾本科杂草以稗草为主，则另加 5% 精喹禾灵 1 500 ~ 2 000 毫升/公顷或 12.5% 烯禾啶 1 500 ~ 2 000 毫升/公顷；若禾本科杂草多为狗尾草或碱草、芦苇、野黍时，则另加 12% 烯草酮 1 000 ~ 1 500 毫升/公顷或 15% 精吡氟禾草灵 900 ~ 1 200 毫升/公顷或 20% 精喹禾灵 750 ~ 1 000 毫升/公顷。

（四）播后覆盖及免耕播种机的应用

近几年,大豆界的岗位科学家们根据黄淮产区麦茬播种大豆困难的生产实践,开展了联合攻关,研发出免耕播种机,该免耕播种机由免耕覆盖、种肥施用、精量播种等多项技术集成,可一次性完成麦茬处理、播种、施肥、喷施除草剂等作业,而且麦茬可以起到覆盖作用,可减少冷害年份出芽不好或荚而不实的现象发生,由此减轻低温对大豆产量产生的影响。

（五）选用适宜品种,提高种子纯度

大豆芽期苗期低温条件的生长发育情况,不同资源间有很大差异,这是由大豆不同资源间耐低温的遗传特性不同所造成的。这种耐低温性在同一资源中相对来说是较稳定的,进而导致大豆不同资源耐低温性不同,这是育种科学家进行耐低温资源筛选的基础。农户可以根据当地气候特点和种植习惯,选择耐低温、抗倒抗病、优质中早熟新品种,同时,供种单位要确保所提供种子的纯度和原有的优良品性。近几年,适宜黄淮地区种植的大豆优良品种有豫豆22号、郑92116、郑196、郑7051等。

（六）适时早播,合理密植

适时早播,可以充分利用当地光热气候资源,避免偏晚熟品种生育后期受低温不利因素的影响。夏大豆适期早播,可明显提高产量。河南省大豆播期一般为:春播大豆在4月25日至5月上中旬,夏大豆在6月5~20日。合理密植,根据品种特性制定该品种的配套栽培制度,确定适宜种植密度,创造合理的群体结构。郑92116品种每公顷种植18万株左右,郑196品种每公顷种植18万~22.5万株。

（七）科学施肥,保持营养均衡

遵循"适施氮肥,增施有机肥,配施磷钾肥和微肥"的原则。首先,以优质有机肥配适量氮、磷作基肥,培育壮苗,一般施底肥磷酸铵20千克、尿素3~4千克、硫酸钾6~7千克;未施底肥的可在开花前追肥,一般每公顷追施磷酸铵105~150千克、尿素22.5~30千克、硫酸钾45~60千克。花荚期叶面喷肥,每公顷用尿素6千克+磷酸二氢钾2.25千克对水750千克,每隔5~7天喷一次,连喷2~3次,提高苗

期抗低温能力。

二、大豆鼓粒期低温灾害的防救策略

（一）提早播种

根据不同地区的气候特点和不同地区大豆生育所处时段的光温变化,选播适宜的大豆品种,趋利避害,适时早播,抢积温,使大豆顺利进入鼓粒期,防止荚而不实。

（二）调整栽培制度

首先,调整播种期,使大豆生长发育处于适当的光周期时段,正常完成子粒生育鼓粒,避免荚而不实;其次,改变大豆施肥不合理的习惯,根据大豆需肥规律,进行科学配方施肥。若中后期出现缺肥现象,可适当喷施 0.1% ~ 0.2% 的磷酸二氢钾溶液,补充营养,避免中后期缺肥而早衰。

（三）加强田间管理，防治病虫害

干旱时适时适量浇水,满足大豆生长发育对水分的需求。大豆鼓粒期根外喷肥,能缓解大豆需肥与供肥的矛盾,加速同化产物的积累、转化和运输。此期根外喷肥可促进养分向子粒转运,减少和避免秕粒,促进子粒饱满,增加粒重,提高产量。

（四）选用耐寒品种

李育军(1990)等以大豆在 6℃ 条件下,处理 13 ~ 14 天后进行发芽率统计,发芽率达到 50% 以上的,为耐冷品种。耐低温发芽的大豆和若干形态性状有一定关系,不同种皮色大豆品种的相对发芽率(6℃发芽率/25℃发芽率×100%)均值相差很大,耐冷性强弱的趋势是:黑豆 > 褐豆、双色豆 > 青豆 > 黄豆。从粒形看,粒形与耐冷性也有很大关系,耐冷性强弱的趋势是:肾状粒 > 扁椭圆粒 > 椭圆粒 > 圆粒。子粒大小与耐冷性也有较大关系,耐冷性强弱的趋势是:小粒品种 > 大粒品种。有试验结果表明,相对较原始的类型,黑种皮、肾状、扁椭圆粒、种皮无光泽及小粒品种具有较强的耐冷性趋势,这种类型的品种在田间早春出苗期仍表现耐冷或较耐冷,田间仍以黑豆耐早春低温能力强;同时,耐寒品种的选择应结合当地生态条件;另外,春播大豆品种一般在幼苗期和成熟期易于抵抗冷冻害,所以春夏播类型尽量避免互相引种。

(五) 选用相对早熟品种

在易发生冷冻害地区,尽量选用早熟品种,采用晚播密植方法躲过早晚霜。

(六) 加强田间管理

加强田间管理,提高土壤肥力,使植株营养状况良好,易于抵抗低温和恢复。

第六章

高温对大豆生长发育的影响与防救策略

本章导读：本章讲述了高温对大豆生长发育的危害以及应对措施。

第一节

持续高温对大豆萌发、
开花期花粉的影响

一、持续高温对大豆萌发的影响

大豆萌发的适宜温度一般为 15～22℃,一般情况下,高温的发生也往往伴随水资源的匮乏,大豆是需水较多的作物,水分对大豆的产量形成具有重要的作用。黄淮海地区大豆播种期多在 6 月中下旬,该地区播种出苗平均温度为 22～26℃,有研究表明,38℃持续高温显著抑制大豆发育,黄淮地区曾出现高温而导致不出苗的情况。大豆品种的抗高温特性与子粒大小、蛋白质含量和脂肪含量显著相关。野生大豆的抗高温能力远远高于栽培大豆。野生大豆在长期的自然选择中形成了适应一定生态环境的能力,如耐盐、耐旱和耐高温等。栽培大豆在长期人工选择过程中有可能丧失一定的抗逆特性。由于近年极端气候频繁发生,许多优良品种的生长受到了影响。

二、持续高温对大豆开花期花粉的影响

大豆开花授粉的适宜温度为 20～25℃,超过 35℃雄蕊就会死亡,适宜的相对湿度为 70%～90%。大豆开花结荚期间,如果碰上持续高温干旱天气,会造成大豆不开花或者少开花,或者花而不实。因为温度超过 30℃的高温时间过长,会造成植株呼吸过旺,减少干物质

105

积累,影响大豆开花授粉,使胚珠败育形成秕荚。温度过高还易使叶片青枯和产生落花落荚。

第二节

大豆成熟期持续高温对子粒的影响

大豆子粒形成期的适宜温度为 21～23℃,鼓粒至成熟期的适宜温度为 19～20℃,多年来,大豆进入鼓粒期,一般均十分干旱,对顶尖和上部的大豆鼓粒成熟产生不利影响。在背阴地块,7 月中旬至 8 月中旬正处在长日照高温条件下,长日照延缓大豆子粒发育,而有些年份的高温则促进豆荚迅速发育老化,结果使大豆多花多荚而不实。大豆进入鼓粒期、成熟期仍需一些水分和养分,以促进大豆的物质积累成熟和提高结实率,增加产量。

黄淮产区大豆播种至开花与结荚期的气温偏高,夏季日最高温度超过 35℃ 的日数常年平均为 20～25 天,存在热害,对大豆生育极为不利,高温对大豆生产的影响主要是结荚数和粒重减少。

第三节

高温防救措施

(一) 适时早播

根据高温气候出现的规律,结合大豆形成产量的关键阶段,适时早播,避开苗期和开花期的高温天气。

(二)及时灌溉

在大豆花荚期出现持续高温天气,一般伴有干旱发生。所以,此时应及时灌溉。另外,水温比地表温度低得多,灌水降温可以改善田间小气候,能缓减高温对大豆的伤害,大豆开花坐荚期也是生理需水关键时期,所以需要及时灌溉。

(三)喷施微肥

一些微量元素,如锌离子在植物体内能加强蛋白质的抗热能力,硼对于碳水化合物运输是必不可少的,钼促进大豆根瘤固氮。所以,在高温来临之前喷施磷酸二氢钾或上述微肥都能有减轻高温伤害的作用。

第七章

干旱对大豆生长发育的影响及防救策略

本章导读： 本章讲述了不同生育时期干旱对大豆生长发育和产量的影响，总结了抗旱栽培技术措施。

　　干旱从来都是世界农业面临的主要自然灾害。随着经济发展和人口增加,水资源短缺现象日趋严重,导致干旱地区扩大与干旱程度加重,干旱及其灾害已成为全球关注的问题。农业生产中受干旱及其灾害的影响也越来越重。对农作物抗旱性的研究,是关系到人类社会和经济发展的战略问题。近年来,干旱成为影响大豆生产的重要因素。1980～2009 年,我国共有 15 年发生重大干旱,发生频率为48.4%。其中,1990 年以后旱灾严重程度明显增长,每年全国受旱率大都在 20% 以上,年成灾率大都在 5% 以上。根据农业部统计数据显示,近 10 年来,我国平均每年旱灾发生面积约 2 666.7 万公顷,是20 世纪 50 年代的 2 倍以上,平均每年因旱成灾面积 1 333.3 万公顷(宋莉莉和王秀东,2013)。大豆是一种需水较高的作物,近年来,全球气候变化异常,干旱成为影响大豆生产的重要因素。

第一节

干旱对大豆生长发育的危害

　　大豆是一种需水量较高的作物,据测算每生产 1 克干物质,需要水分 600～1 000 克,按 40% 转化率计算,生产 1 克大豆子粒耗水量为 1 300～2 200 克,高于谷子、糜子、高粱和玉米(刘学义,2009);每公顷大豆群体生育期间的总耗水量一般为 4 000～6 000 立方米,相当于 400～600 毫米的降水量,最高可达 1 000 毫米以上。在所有影响大豆产量的因子中,干旱对大豆产量的影响最为严重。在大豆生产中,最适宜的水分环境是不存在的,某种程度上,限制生长的缺水状态是一种常规而不是例外。干旱对大豆产量影响具有范围广、程度大的特点。干旱引起大豆减产估计相当于其他不良因子损失的总和。世界大豆主产国在大豆生长期均受到不同程度的干旱危害。我国不同播种期类型大豆生育期内都会受到干旱威胁,只是程度不同而已。由于大豆产量与生育期间的降水量有很高的相关性,抗旱性育种已愈来愈引起重视。

黄淮海夏大豆产区是我国仅次于东北的大豆产区,基本属于半湿润易旱区。在夏大豆区北部:6 月干旱的频率 50% ~60% ,7 月、8 月干旱频率 20% ~30% ,大豆常因干旱而影响播期;9 月常遇秋旱,影响大豆鼓粒,造成秕荚,减产严重。夏大豆区的中部:6 月干旱的频率为 50% ~60% ,7 月、8 月干旱频率 10% ~30% 。夏大豆区南部为湿润区域,6 月干旱的频率 30% ~50% ,7 月、8 月干旱频率 10% ~30% 。(刘学义等,2009)

旱灾对大豆的影响能明显地反映在植株外观性状上。不同性状间受旱灾影响存在较大差异。在极严重干旱条件下,干旱对大豆生长发育的抑制作用,主要表现在营养生长性状和生殖生长性状上。营养生长性状主要是株高降低,分枝减少,主茎节数减少。生殖性状主要表现在单株荚数减少,单株粒数减少和百粒重降低,最终产量减少。而对生育期性状而言变化不明显,只是出苗到开花以及开花到鼓粒日数略有延长,鼓粒到成熟日数明显缩短。从干旱对性状影响的大小程度看顺序:产量 > 二粒荚数 > 单株粒数 > 单株荚数 > 一粒荚数 > 三粒以上荚数 > 分枝数 > 百粒重 > 株高 > 主茎节数 > 鼓粒至成熟日数 > 出苗至开花日数 > 开花至鼓粒日数(刘学义等,1993)。不同时期干旱引起产量下降程度为:鼓粒期 > 花荚期 > 营养生长期(闫春娟等,2013)。

从作物光合性能的角度探讨干旱对大豆的危害,可以将主要的原因归纳为 4 个方面:①干旱抑制大豆生长,减少个体与群体的光合面积;②降低叶片光合速率,减少单位光合面积的 CO_2 同化量;③加速活性氧的积累,促进叶片衰老,缩短光合器官的寿命;④抑制根瘤的形成和根瘤的固氮活性,减少大豆对氮素的同化量。

一、播种期干旱的影响

大豆播种期遇到十旱,不灌溉则影响适时播种。据统计,夏大豆播期每推迟一天,减产2%左右。因此,适时灌溉,抢时早播是夏大豆高产的关键。据山东省农业科学院李永孝(1995)对山东省1951～1980年夏大豆气象产量和12个气象站平均有效降水量关系的统计结果,干旱年份,当地6月下旬至7月下旬期间,有效降水量每增加10毫米,全省夏大豆气象产量可增加25.2千克/公顷。8月上旬至9月上旬,正值夏大豆鼓粒期,在干旱年份,降水量每增加10毫米,全省夏大豆的气象产量可增加18.7千克/公顷。干旱年份以1972年为例,当年6月中下旬,全省降水量普遍不足15毫米,无法播种;7月降水量在50～250毫米范围内,多数地区干旱;到了8月降水量仍然为50～250毫米,除山东半岛外,普遍干旱。结果全省夏大豆平均产量仅为660千克/公顷(亩产44千克)。

二、幼苗期干旱的影响

大豆苗期若缺水,植株矮小,叶面积缩小,叶片取向较直立,群体冠层对太阳辐射的截获量下降。大豆幼苗期干旱会造成叶柄长度缩短,叶柄与主茎夹角减小,叶面积缩小,但不同品种的变化幅度不一。如果缺水持续下去,叶片会自下而上变黄甚至脱落。与适宜水分相比,苗期干旱和轻度干旱均降低了大豆的产量,且二者的降低程度相似(闰春娟等,2013)。

王敏等(2004)的研究结果表明干旱对大豆幼苗形态产生一定的影响,具休见表7-1。但苗期短期干旱处理后复水,能产生水分胁迫的补偿效应,从而使大豆不减产(葛慧玲等,2012)。说明在降水量较低的年份,苗期可以考虑减少灌溉量,同时又保证大豆不减产。

表 7 - 1　干旱对大豆幼苗形态的影响(王敏等, 2004)

品种	苗高（厘米）		苗干重（克/株）		根干重（克/株）		主根长（厘米）		叶面积（平方厘米/株）	
	干旱	正常	干旱	正常	干旱	正常	干旱	正常	干旱	正常
中豆 20	27.8	41.1	0.297	0.369	0.134	0.187	12.55	15.05	9.49	14.4
郑 92116	37.3	50.7	0.37	0.419	0.146	0.191	12.15	13.21	14.06	18.36
中黄 13	25.8	46.3	0.321	0.394	0.125	0.175	10.85	11.74	13.2	19.36
豫豆 22	33.7	51.5	0.215	0.309	0.098	0.132	10.67	12.43	14.39	19.24
皖豆 20	30.4	45.7	0.237	0.312	0.083	0.123	10.09	11.89	8.18	13.35
阜 9012	35.7	51.2	0.212	0.329	0.106	0.151	12.14	13.37	7.66	12.01
商 1099	33.1	54.1	0.259	0.354	0.112	0.158	10.38	11.84	11.4	14.25
漆 999 - 8	43.3	58.2	0.347	0.408	0.149	0.198	15.05	16.93	10.59	13.86
蒙 9339	40.6	59.7	0.232	0.351	0.109	0.157	8.68	9.72	8.14	14.55
辽鲜 1 号	28.2	44.7	0.238	0.331	0.094	0.146	9.65	12.14	8.98	13.79

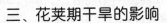

三、花荚期干旱的影响

干旱对大豆豆荚的影响极为显著。大田植株在干旱的影响下，营养生长向生殖生长的转化较早，花和荚形成加速，特别是生殖生长期缩短。开花期受到干旱胁迫时，大豆单株荚数及每荚粒数显著减少；结荚期受到干旱胁迫时，秕荚数量增多，粒数减少（高中超等，2007）。研究表明，开花期间受到干旱胁迫时，大豆豆荚含水量和豆荚鲜重均会发生相应变化：干旱程度加强时，豆荚鲜重开始减少；随着干旱胁迫继续加强，豆荚停止生长且已有豆荚含水量下降。在不同干旱处理条件下，大豆生殖结构组织含水量减少。当干旱胁迫减缓时，花蕾和已有豆荚含水量会在 1 天内得到恢复，但豆荚的恢复会非常缓慢。相比对照，花期干旱处理植株只有 1/3 结荚，且所有结荚长度均不超过 2 厘米。

葛慧玲等（2012）通过不同的干旱处理对大豆产量的影响研究结果表明，花前期短时干旱对植株的危害不大，在花后期复水，可弥补因干旱造成的干物质损失，花荚期适度的干旱处理不会使大豆减产。

四、鼓粒期干旱的影响

鼓粒期对水分供应较为敏感，干旱导致大豆减产。鼓粒期进行干旱处理，胁迫时间越长，减产程度越大（葛慧玲等，2012）。鼓粒期干旱会影响大豆百粒重。结荚鼓粒期干旱后复水，全株干物质积累随干旱历时的增加而递减，复水产生的补偿能力有限。

生长季节降水的多寡和时空分布的均匀与否会直接影响大豆产量的高低，是实际产量随生产水平线波动的主要因素。干旱条件下，百粒重最大下降出现在鼓粒期，其次是结荚期和开花期。大豆花期干旱胁迫影响其产量形成,14 天中度、重度水分胁迫对产量影响显著,而 7 天水分胁迫处理影响不显著(白伟等,2009)。不同时期水分亏缺对作物产量影响程度不同。研究表明,苗期减产 2.7% ~9.7%,花荚期减产 24.3% ~28.3%,鼓粒期减产 6.2% ~16.9%(高中超等,2007)。

第二节

干旱的防救策略

一、节水抗旱技术

我国农业灌溉用水利用率仅为 45%,而发达国家的利用率已达到了 70%。资源短缺及利用率较低的现状使得我国水资源显得更加匮乏(宋莉莉等,2013)。因此,提高节水抗旱技术显得越来越重要了。

(一)节水灌溉技术

在各种栽培耕作措施中,灌溉方式对株间蒸发的影响最大。大水漫灌或畦灌使土壤表层普遍湿润,株间蒸发损失的水分最多,沟灌次之,渗灌和滴灌可以做到土表基本不湿润,株间蒸发损失的水分最少。此外,中耕松土,切断土壤表层与下层的毛细管联络,也是减少株间蒸发的有效手段。

(二)水肥耦合技术

在干旱条件下,可以通过培肥地力、增施肥料来减轻干旱的危害,研究者把这种效应概括为"水肥耦合效应"。水肥耦合效应因土壤类型、土层厚度、土壤含水量、作物的生育期、作物及肥料的种类不同而有区别。大致的规律是:土壤含水量过低时,施肥的效果较差,特别是氮肥过多反而加剧干旱的危害,只有在中度干旱的条件下,才能发挥以肥调水的效果;不同肥料间,磷素在弥补水的不足、提高抗旱性方面的效果更加突出。张秋英等在黑龙江省海伦市对大豆水肥耦合效应的研究表明,以肥调水存在一个临界水分含量,只有高于此临界值,才能充分表现出施肥的效果。

(三)保水剂的应用

保水剂又称高吸水性树脂,属于高分子电解质。这种高分子化合物的分子链有一定的交联度,呈复杂的三维结构,在网状结构上有许多羧基、羟基等亲水基团。与水接触时,其分子表面的亲水基团以氢键与水分子结合,可吸、持大量水分。而网链上的电解质使其中的电解质溶液与外部水分之间产生渗透势差,可将外部的水分吸入保水剂内部。保水剂的吸水性是由树脂的亲水性和渗透势这两个因素决定的。种子涂层后,不仅具有保温作用,而且保水剂吸收土壤有效水分后使种子周围形成一个"小水库",供应种子发芽、出苗,利于苗齐、苗壮。

吴德瑜研究结果表明,经保水剂涂层处理的大豆种子播种后,其根量增加 30.2% ~45.2%。而用不同剂量的保水剂沟施,则使大豆根量增加 35.7% ~60.3%。由于根系比较发达,地上器官生长发育也得到促进。

在半干旱、干旱地区,或在保水不良的沙壤土、坡耕地上,用保水剂对大豆种子进行涂层处理,可以提高出苗率,促进根系早发,增加根瘤数。保水剂与硼砂、硫酸铁配合使用效果更佳。这可能与保水剂改善大豆根际水分状况,并使铁成为还原状态有关。

但是,保水剂毕竟不是造水剂。土壤原有含水量不同,保水剂的效果也不一样。土壤含水量为 10% 时,大豆胚根可以伸长,但不能破土;含水量为 12% ~14% 时,出苗率为 50% 左右;含水量为 16% 时,出苗率为 87.6% 左右。当土壤含水量提高到 18% 时,出苗率反而下降为 75% 左右。对于大豆来说,采用保水剂种子涂层的适宜土壤含水量为 16% 左右。

二、化学抗旱

在提高作物抗旱能力方面,喷施抗旱性叶面肥是最简单和最有效的,也是最经济实用的措施。抗旱性叶面肥主要是由氮、磷、钾等大量元素和硼、锌、钼等微量元素,配以适量的氨基酸、黄腐酸、糖类、维生素、脱落酸等物质,通过特殊化学生产工艺螯合而成。在干旱发生之前或发生过程中,喷施此类叶面肥,可以提高植物根系活力,加强对土壤水分和养分的吸收,提高根冠比,进而提高作物耐旱能力;还可以调节植株体内代谢平衡,提高原生质黏度和细胞液浓度,提高植物体内脯氨酸含量,消除因为干旱缺水而使植物体内积累氨过多造成的中毒;调节叶片气孔开张度,在维持一定二氧化碳浓度进入、保持必要光合作用的同时,减少蒸腾作用,提高作物抵御干旱的能力,使作物在干旱条件下保持旺盛生长,减少因为干旱而使植物矮小,开花结实减少,子粒品质变差,产量降低的现象发生。提高大豆抗旱性可采取种子处理和叶面喷施两种途径。稀土在大豆上应用,会收到显著增产效果。

目前,进行系统研究并得到一定应用的有黄腐酸。黄腐酸在一定程度上能关闭作物气孔,降低蒸腾,同时还能促进根系发育。抗旱拌种剂施入土壤中能改善土壤通透性、渗水性和减少土壤水分蒸发。

此外,新型化学调控物质方面也进行了大量工作。大豆花期喷施三唑酮有改善叶片水分状况、增加细胞膜稳定性、减低伏旱对夏播大豆花期危害的作用(史安国等,1991)。张胜等(2005)对亚精胺在抗旱性不同的大豆品种幼苗中的作用进行了研究,结果表明,抗旱品种豫豆24在渗透胁迫处理时,其叶片中内亚精胺含量明显大于不抗旱的豫豆6号;外源亚精胺可以明显提高豫豆6号叶片内亚精胺含量,并相应提高大豆幼苗的抗渗透胁迫能力。张明才等(2005)以垦农5号为材料,在盆栽条件下,比较研究了植物生长调节剂 SHK - 6在干旱胁迫和正常水分条件下对大豆叶片光合作用、同化物运输、抗氧化酶系统以及渗透物质的影响,结果表明,SHK－6 可以显著提高干旱条件下叶片水势,增强过氧化物酶及超氧化物歧化酶的酶活性,提高百粒重、根重和根瘤重。

三、生物制剂

接种高效根瘤菌,对一般干旱年份和无肥田块的增产效果比较显著。AM(丛枝菌根)菌对大豆水分状况的影响研究结果表明,AM菌可提高蒸腾速率、根系水分传导力,降低气孔阻力和叶片水势,增加植物叶片光合速率,增加蒸腾和水分传导,从而改善大豆的水分状况,增强植株的抗旱能力。

四、农艺栽培抗旱技术

(一)抗旱播种

旱作大豆播种时期,降水量少,风大气燥,干旱不仅严重且频繁发生,导致播种困难。采用抗旱播种措施有助于问题的解决。

适宜的播期取决于温度和水分两个主要条件。当土表 5 厘米地温稳定在 10～12℃时,就可以播种了。但是干旱地区往往土壤水分还达不到要求,不能适时播种,需对播期和播法进行调整。在适宜播种期范围内可提前或推后播种,通常调整播期范围是最适播期前 10 天、后 20 天。在调整播种期许可范围内,还无法播种时,需要更换早熟品种,继续扩大调整范围。

在底墒不好、表墒不足的情况下,播前镇压土壤 1～2 次,把底墒提到播种层,然后播种,播后再进行镇压。

当表层干土达 5～10 厘米而下层底墒好时,可扒土探墒深种,将种子种在湿土上,并根据大豆品种顶土力强弱确定覆土厚度。当表土及深层土壤均干旱时,离水源较近的地块可开沟、刨窝担水点种。

（二）耕作保墒

耕作保墒的主要任务是经济有效地利用土壤水分,发挥土壤潜在肥力,调节水、肥、气、热关系,提高作物防御抗旱的能力,其中心是创造有利于作物生长的水分条件。原则上尽可能保存多量的雨水,节制地面蒸发,减少土壤中水分的不必要消耗,即做好保墒工作。

大豆是深根作物,深耕土壤是大豆增产的一项重要措施。深耕增产的原因是接纳雨水、加速土壤熟化、提高土壤肥力。前茬作物收获后尽量提早耕期,并做到不漏耕、不跑茬、扣平、扣严、坷垃少。为了保好墒、多蓄水、促壮根,旱地大豆生育期间进行深中耕 2~3 次,耕深 6~10 厘米,促进根系向下扩展,做到有草锄草,无草保墒。

（三）地面覆盖抗旱

近年,覆盖栽培在旱作农业中已得到广泛的应用,留茬、覆草,特别是塑料薄膜覆盖,对节约用水、提高水分利用效率都有十分显著的效果。在大豆一生的总耗水量中,株间蒸发占 50%~60%。因此,减少株间蒸发是提高水分利用效率的最有效途径。据郭志利(2000)在大豆上的试验,覆膜穴播及膜际条播均能有效地促进大豆营养生长和生殖生长,使覆膜大豆的株高、分枝数及主茎节数显著地高于露地条播的对照处理,各项产量性状也明显优于对照,不但减少了总耗水量,还显著提高了大豆产量、田间水分利用效率和经济效益。

大豆行间覆膜,选用厚度为 0.01 毫米、宽度为 60 厘米的地膜。尽量选择拉力较强的膜,以利机械起膜作业。大豆平作行间覆膜要改变以前 80 厘米宽度的膜为 60 厘米,使田间分布更为均匀,有利于提高产量。要求覆膜笔直,100 米偏差不超过 5 厘米,两边压土各 10 厘米。风沙小的地区,每间隔 10~20 米膜上横向压土;风沙大的地区,每间隔 5~10 米膜上横向压土,防止大风掀膜。并要使膜成弓形,以利于接纳雨水(兰晶,2012)。

全膜双垄沟播技术用地膜全地面覆盖,使整个田间形成沟垄相间的集流场。将农田的全部降水拦截汇集到垄沟,通过渗水孔下渗,最后聚集到作物根部,成倍增加作物根区的土壤水分储蓄量,实现雨水的富集叠加利用,特别是对春季 10 毫米以下微小降水的有效汇集,可有效解决北方旱作区因春旱严重影响播种和苗期缺水的问题,促进大豆的健壮生长。同时该技术增温增光、抑草防病、增产增收效果十分显著,一般比露地大豆增产40%~50%(周德录等,2012)。

(四)优化施肥抗旱

播种阶段持续干旱造成大豆前期生长较弱,为补充作物营养,促进生长发育,提高抗逆性,要及时追肥。追肥要做到适时早追,防治脱肥,尤其增施钾肥,可以提高作物产量,改善品质,有壮秆、抗病、促早熟的作用。在追施氮素肥料时,施用量不能过大,追施时期不能过晚,防止贪青晚熟。

营养是抗旱的基础,施肥后植物代谢作用旺盛、根系发达、抗旱能力显著增强。旱地培肥土壤,中心在有机质。旱地区要提高秸秆还田意识,同时因时因地施用有机肥,合理使用化肥。

在旱地大豆氮素供给方面,要重视施用有机肥料。腐熟的有机肥氮素持续缓慢释放,既保证土壤供氮,又不致造成根瘤固氮能力降低,还可调节土壤水分。花荚期追肥,大豆终花期前后,是氮素敏感时期,根瘤固氮往往满足不了要求,追肥增产显著。高效根瘤菌拌种,旱地使用高效根瘤菌,如"110"菌株,增产6%~46%。施用种肥,促进苗期生长以达到必要的群体发育。破除大豆不需氮肥的观念,但是无论哪种情况,氮肥施用量都不宜过多。

大豆需钾量仅次于氮而多于磷。施钾使大豆植株产生系列抗旱特性,如:根、茎、叶的维管束组织进一步发达,细胞壁和厚角组织增厚,促水能力提高。

众所周知,磷与水分之间有着密切的关系。水分影响植物体内磷的吸收、利用和分配,同时,适宜的磷水平也能在一定程度上提高植物对干旱的适应性和对水分的利用率,以达到"以肥调水"的目的。同时,干旱和磷胁迫对大豆的生理发育和生理生化反应具有同功调节作用。

土壤瘠薄的原因与干旱有关。由于干旱频繁,土壤蒸发量是降水量的几倍到几十倍,土壤中化学组成以易溶性盐类居多,遇雨胶化膨胀,渗水少,水土流失严重,土壤养分流失。由于干旱频繁,地表植被稀疏,加之人口增加,乱垦滥伐,土壤长期少施肥或不施肥,收获连根拔起,土壤养分分解多,增加少,土地肥力每况愈下。大豆在旱地中多种植于远离村庄田块或田边地角,养分严重不足,产量随降水量而波动,低而不稳。

(五)选用抗旱、生态适宜大豆品种

选择生态适宜、抗旱性符合当地水分胁迫要求的高产品种,是最经济有效的栽培措施,充分利用好当地抗旱、耐旱的骨干品种,确保稳产。

(六)减轻病虫害危害

大豆胞囊线虫病又叫黄萎病,俗称"火龙秧子"病,是由线虫侵染大豆根部引起的,土地干旱和风沙盐碱地发生较多。线虫侵染后,造成主根及侧根减少,须根增多,根瘤显著减少或无根瘤。被害大豆地上部矮小,叶片由下向上黄化,生育停滞,结荚减少或不结实,严重时全株枯死。土壤干旱有利大豆胞囊线虫的危害,因而适时灌水,增加土壤湿度,可减轻危害。

(七)敏感期补水

合理调整灌溉时期,确保大豆开花时期需水量逐渐增加。到结荚鼓粒期需水量最大,这期间若缺水导致干旱,则严重影响产量。因此,应结合天气、土壤等情况考虑灌溉。灌溉方法很多,如沟灌、畦灌、喷灌等。

五、选育抗旱品种

我国每年由于干旱造成的大豆产量和品质的损失不可估量,因此,大豆抗旱品种的培育尤为重要。我国大豆种质资源丰富,其中不乏抗旱性强的资源,这为大豆抗旱育种提供了丰富的原始材料。路贵和依据大豆不同性状的抗旱系数平均值高低,将黄淮海地区的25个大豆品种抗旱性分为 5 类,属于强抗旱类型的品种有 7 份,占28%。此外,从抗旱类型上看,品种间也表现出多样性。如有些材料

表现为全生育期抗旱,有些材料只在某一生育时期或某几个生育时期抗旱;有的材料抗旱高产,有的虽抗旱但产量较低;也有些抗旱种质在水分充足时有较大的增产潜力等(路贵和等,2001)。大豆抗旱性的多样性,对抗旱育种亲本选择具有重要意义。

阿根廷研究人员已经分离出了一种抗干旱的向日葵基因并将其嫁接到了大豆中,从而在南美农业大国与全球变暖进行抗争之际带来可提高作物收成的希望。

第八章

涝渍对大豆生长发育的影响及防救策略

本章导读：本章讲述了不同生育阶段涝渍对大豆生长发育的影响以及防救策略。

由于大量降水汇集在低洼处长时间无法排除(涝),或者是地下水位持续过高(渍),使土壤孔隙中的空气含量降低,影响根的呼吸作用,使得作物减产、烂根,甚至死亡。在栽培作物中,大豆对渍涝的耐性优于芝麻、棉花等作物,但耐涝性并不是很强,渍涝使大豆叶片黄化、坏死、脱落,固氮能力降低,生长停滞,严重影响大豆的生长和产量(朱建强等,2000)。据研究,在大豆营养生长中期或盛花期田间积水2~14天。则群体的株高、干重和最后的产量都随时间的延长而直线下降。不耐涝的品种在淹水4~5天后即死亡(刘典昱等,1987)。因此,深入研究涝渍对大豆的影响,提出减轻灾害的对策,对大豆生产具有重要的理论和实践意义。

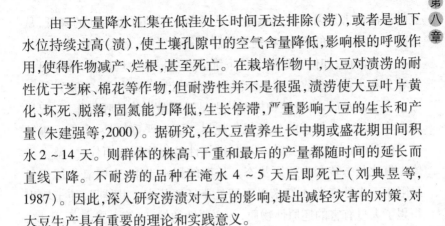

第一节

涝渍危害的原因

降水集中、平原地势低平、水土流失、中下游河床升高、植被覆盖率低、蓄洪能力差等可能是涝渍形成的原因。不论是湿害或洪涝灾害,其共同特点是使植物陷入缺氧的环境中。由于氧气在水中的溶解度很低,水中溶解氧达到饱和时只相当于空气中含氧量的1/30;更为严重的是氧气在水中的扩散系数极小,仅相当于在气体介质中扩散系数的万分之一。如果说,在流动的水中,植物还可以通过水与植物体的接触面不断更新而提供氧气,那么静止的水中,就只能靠气体分子的扩散向植物提供氧气,处于渍水土壤中的根系所遇到的正是这种情况,更不用说土壤溶液中的气体扩散还受到土壤颗粒的阻碍。可见,依靠氧气在水中的扩散来满足根系呼吸作用对氧的需求是不可能的。所以,涝渍灾害的本质就是根系缺氧的危害。一般认为,大豆的涝渍伤害是因为氧气供给不足而导致根的呼吸活性的降低,从而减少水和养分的吸收,特别是抑制了氮的吸收,最终导致光合产物的减少。因此,如何在过湿条件下维持大豆根的生理机能,确保氮素等养分和水分的吸收是减轻涝渍伤害的关键(马启林等,2008)。

土壤渍水后,由于植物根系特别是土壤微生物的呼吸作用,很快就会将土壤水中仅有的少量氧气耗尽。更为严重的是,由于土壤缺氧,好气性微生物不能继续活动,嫌气性微生物则取而代之,整个土体由氧化状态转变为还原状态。长期的积水土壤,土壤氧化层仅仅局限于土表数毫米,1 厘米以下即处于还原状态。其结果,使土壤中积累了大量有害的还原性物质,如还原性的铁、锰等金属离子,甲烷,短链脂肪酸(如丁酸)甚至硫化氢等。这些物质可毒害根部细胞,严重时导致根系死亡。

近些年有研究表明,土壤淹水的危害除了与根系缺氧有关外,还在更大程度上受根际二氧化碳积累的危害。Brou 等(2003)指出,在淹涝的土壤中,根际土壤溶液中溶解的二氧化碳可占所有溶解气体体积的 30%;溶液培养的研究结果表明,培养液完全缺氧(通 100%的氮气)和低氧(不通气)处理 14 天对大豆植株的生存和叶色均无影响,意味着大豆根系对单纯根际缺氧有较好的耐受力。但如果在根系缺氧的同时,向溶液中通入二氧化碳,使其浓度达到相当于田间淹涝时的水平(占溶解气体的 30%),则大豆生长严重受阻,叶片黄化;当根际溶解的二氧化碳量达到 50% 时,有 1/4 植株死亡,没有死亡的植株,其叶片也严重黄化、坏死。但同样的处理对水稻却未表现出不良影响。此结果表明,与水稻相比,大豆根系对二氧化碳的高敏感性,是其耐涝差的主要原因。

大豆全淹的危害程度还与水温有密切关系,因为水温升高不但植株的好氧强度增大,而且氧气在水中的溶解度也降低。据原华东农业科学研究所(1958)的观测结果,大豆植株被淹 2 ~ 3 个昼夜,只要水温未同时升高,在水退之后尚可继续生长;若渍水再遇高温,植株便大量死亡。

此外,洪水发生后,会带来大量的积水,而河水中含有大量的无机盐。也就是说,积水中有大量的无机盐,随着水分的蒸发,无机盐留在了地表,使土地盐碱化。

在夏大豆区北部,6月雨涝的频率为10%~20%,7月、8月雨涝的频率为30%~50%;夏大豆区的中部,6月雨涝的频率为15%~30%,7月、8月雨涝的频率为30%~60%;夏大豆区南部为湿润区域,6月雨涝的频率为20%~40%,7月、8月雨涝频率为30%~60%(刘学义等,2009)。

第二节
涝渍对大豆生长发育的影响

土壤渍水时,大豆地上部分陆续出现叶片萎蔫、植株生长停滞、叶片黄化甚至坏死、脱落等症状。受涝的大豆根部首先是生长停滞、死亡、腐烂;然而,在茎基部的淹水层中,往往发生大量的不定根,这些不定根在淹水后1~2天即开始发生,以后很快伸长,并能部分地取代老根的功能,以维持植株的生存,但终究不能恢复到淹涝前的状况。如果整株植物被淹没,则地上部分也处于缺氧环境,必将造成更严重的危害。倪君蒂和李振国(2000)比较了大豆植株基部被淹水(半淹)和幼苗全部被淹水(全淹)对植株生长的影响。在盆栽条件下进行的半淹试验(淹水深度3~4厘米)表明,在大豆茎基部渍水的条件下,根系生长受到抑制,甚至腐烂变黑;但是,半淹水能刺激大豆不定根的形成,未出现整株死亡;而6日龄的幼苗,全淹6天之后则全部死亡,苗龄稍大些的幼苗耐涝性强些,存活率略高。

大豆对淹涝敏感的生育时期是苗期、初花期、结荚期和鼓粒初期

（郭庆元等，2007）。宋英淑（1989）在盆栽条件下，于大豆生育期的
V3（主茎第三节复叶全展开）、R1（始花期）、R3（始荚期）和 R5（始粒期)4 个时期进行渍水试验，得到如下结果：V3 期渍水，植物营养体生长受抑制，花芽分化受阻；R1 期渍水，既影响营养体生长，又造成蕾、花脱落；R3 期渍水导致幼荚大量脱落、粒数减少；R5 期渍水使种子发育中止、百粒重下降。

一、幼苗期涝渍胁迫的影响

土壤涝渍会影响种子萌发。宋英淑等（1990）曾对 22 个大豆品种的种子进行渍水试验。渍水 6 天后，发芽率降低 7.5% ~ 91.7%，活力指数下降 39.8% ~ 99.8%。假如渍水的同时又给予 20℃以上的温度处理，则发芽率丧失更甚。

二、结荚期涝渍的影响

朱建强等于 2000 年和 2002 年采用鄂豆 4 号和中豆 8 号为试材，研究了大豆不同生育阶段对持续受渍的敏感性。该项研究以地下水埋深小于 30 厘米的累积值（以 SEW_{30} 表示）作为受渍指标。试验结果如表 8－1。大豆花荚期受渍对产量影响最重，减产幅度最大。

表 8－1　大豆不同生育阶段持续受渍对产量的影响（朱建强等，2002）

受渍处理时间	SEW_{30}（厘米·天）	产量（克/3 米^2）	减产（%）
不渍不涝（对照）	0	622.7	0
初花期	180	428.5	31.19
花荚期	180	407.9	34.49
结荚期	180	444.5	28.62

朱建强等(2000)还研究了大豆同一生育阶段(结荚期)持续受渍程度对产量的影响,试验于渍涝结束后,将排水明沟水位降至地面以下 80 厘米,以恢复大豆植株正常生长状态。表 8-2 是试验结果。根据上述试验结果得出如下结论:大豆结荚期地下水动态指标 SEW_{30} 与大豆平均减产幅度之间存在极显著的线性正相关关系($r = 0.990^{**}$)。

表 8-2　大豆结荚期持续受渍对产量的影响（朱建强等,2000）

充分受渍持续天数	0	2	4	6	8
SEW_{30}(厘米·天)	0	75	135	195	255
产量(千克/公顷)	2 359.6	2 265.8	2 235.2	2 134.1	2 048.8
减产(%)	0	3.98	5.27	9.56	13.13

三、鼓粒收获期涝渍的影响

涝害影响大豆生长发育的最终结果势必导致大豆减产。安徽省黄河农场于 1955 年进行大豆淹水试验的结果证明,大豆开花期、结荚期和鼓粒期分别受涝,与对照相比,相应减产 32.8%、16.1% 和 18.5%。

第三节

涝渍的防救策略

治理涝害的关键是加强监测、预报、预警,建立完善的排涝系统。

在涝区要建立以排为主、排灌结合的农田水利配套工程,通过开明沟、埋设地下排水管道等措施,排除田间过多的土壤水。

一、完善监测、预报、预警系统,提高应对涝渍的能力

完善的气象监测预警技术既是防灾减灾的基本需求,也是由被动防灾减灾转向主动的必要条件。面对我国日益频发的气象灾害,必须充分认识到气象监测预警的重要性,以气象早期预警系统为核心,利用 3S(RS、GIS、GPS)等高新技术对未来的气象进行监测、评估和预警,做好防灾减灾工作。根据对未来气候的监测预警,决策者能及时指导农民调整生产结构,同时,决策者也能够在气象灾害发生之前制定风险预案和减灾措施,提高农业生产应对气候变化的能力。

二、改善农田排灌条件

根据我国南方汛期降水的特点,农田涝、渍灾害往往相伴相随,在其他条件相同的情况下,作物减产是涝、渍共同作用的结果。所以,必须将涝、渍作为一个统一的过程进行研究,即要研究涝渍相随作用对农作物生长发育及其产量的影响。可根据当地气候特点,尤其是降水特征,模拟一个或几个涝渍相随过程,研究其对农作物生长发育及其产量的影响,从中探索农田水分调控的途径,寻找合适的农田排水调控指标,这比单独研究涝、渍对作物生长发育及其产量的影响更具现实意义。

随着全球气候的变暖,灌溉用水量不断增加。研究表明:气温每上升 1℃,农业灌溉用水将增加 6% ~10%。我国的农业防灾减灾基础设施建设目前还较薄弱,农田水利工程建设尤为滞后。我国 1.22 亿公顷的耕地中所谓排灌设施比较健全的耕地只有 5 800 万公顷,仅占耕地总面积的 47.6%。而且,我国现有的农田水利工程大都老化,

且损毁现象较为严重,农田水利工程建设滞后使得农业生产只能靠天吃饭,抗灾能力较低。1978～2010 年,每年我国农业平均受灾面积达到 4 748.8 万公顷,其中水灾平均受灾面积为 1 222.2 万公顷,旱灾平均受灾面积为 2 461.2 万公顷。

三、改平播为起垄种植

垄作不但便于排水防涝,而且还有一个重要的作用,就是在渍水时通过进一步培土、加深垄沟,促进大豆不定根的生长,利用新生的根系维持正常的根－冠物质与信息交流。在易积水或易内涝地区,台田耕作可以通过台田两侧的深沟排水降低地下水位,排除内涝。东北大豆主生产区采用垄作栽培或平播后起垄栽培,既有利于旱天灌溉,又有利于涝时排水。据杨方人等(1995)报道,在大豆结荚末期至鼓粒初期日降水 92.3 毫米的情况下,对照田的土壤含水量超过田间最大持水量,大豆田低洼处出现了明显内涝。在同一天,采用"三垄"深松的大豆田的土壤含水量比对照田低 4.1%,且未出现内涝。辽宁省部分地区在稻田改旱作时多种植大豆,在"水改旱"时,起垄栽培是一项重要的增产措施。

大豆增收的常用技术之一是培土。一般认为培土不仅可以除草,还有诱导不定根的发生从而增加养分和水分吸收,防止倒伏,增加根瘤的着生等作用。特别是当大豆遇到淹水时,在淹水面附近会发生大量的不定根,据报道,这些不定根可以有效地减轻过湿条件所引起的伤害。与通气组织一样,淹水时发生的不定根也被看作是植物对涝渍逆境的适应反应之一。渍涝情况下培土处理可维持较高产量的主要原因是能够在渍水期间从刚被土壤掩埋的茎基部不断生出活力高的不定根。品种发根能力越强、新根数越多的,渍害导致的损失越少。

我国黑龙江省三江平原、松嫩平原有大面积低洼易涝地,其特点是耕层土壤含水量高、土质黏重、透水性差、通气不良、释放养分能力低,致使大豆产量低而不稳。黑龙江省农业科学院针对这种情况,提出了垄体深松、垄沟深松、深施种肥的"三深"垄作(带状)栽培模式(杨英良,1997),解决了低洼地土壤排水、通气和增温的问题,使大豆产量增加15%以上。

四、防救策略

(一)及早排除田间积水

治理涝害的关键在于排水。在涝区要建立以排为主、排灌结合的农田水利配套工程,通过开明沟、埋设地下排水管道等措施,升高地势、在低洼地周围加高地基,做好排水工程,将水排除或使降水不能大量流进来,及时降低地下水位至适宜深度或排除地表水。

(二)增施追肥

硝态氮能够降低大豆对淹涝的敏感性。受涝的大豆如果以硝酸盐为主要氮源,与主要依赖根瘤固氮的相比,其受害程度要轻。主要有以下两个原因:一是硝态氮可以在根系缺氧时作为呼吸作用的最终电子受体,在一定时间内维持呼吸链电子传递;二是与氮素固定和同化相比,硝态氮的吸收与同化所需能量较少,因此可以降低对氧的需求量。此外,在一般情况下,仅仅依靠氮素固定不能满足大豆生长发育对氮素的需求。为了大豆高产必需额外补充氮素,当发生淹涝时,氮素的固定和吸收都急剧降低,这是叶片迅速衰老、黄化的原因之一。因此,淹涝时通过土壤适当补充硝态氮肥,对减轻淹涝的危害有一定作用。

(三)化学调控

淹涝时,根系对地上部的细胞分裂素供应量减少,而地上部分的乙烯释放量增加,两者都可以加速叶片的衰老、脱落;此外,淹涝时叶片中活性氧的生成量增加,又进一步加快了叶片衰老、脱落。如果在排积水之前采用化学调控措施清除活性氧、延缓叶片的衰老速度,就可以减少叶片脱落,待渍涝排除后还可以部分地恢复功能,因此可以作为一种应急措施在淹涝的初期使用。方法是可以给叶片喷施细胞分裂素类似物和活性氧清除剂。

五、选育抗涝大豆品种

不同大豆品种间抗涝性有明显差异,据 VanToai(2001)的研究,从初花期开始淹水 14 天,不同大豆品种的产量降低幅度从 69%(抗涝性最强的品种)到 84%(抗涝性最弱的品种)不等。因此,通过品种选育来增强大豆的抗涝性有较大的余地。我国的育成品种中有不少具有较好的抗涝性,如辽豆 12 号、鲁豆 10 号、中黄 15 号、化诱542、沈豆 4 号、郑 7051 等。由于抗涝性是多基因控制的数量性状,因此,在抗涝性育种中,只针对单一性状的选择成效不很理想;传统的选择方法以淹涝条件下的最终产量为标准,虽然十分可靠,但工作量大、效率不高。近年来,由于 DNA 分子标记技术的不断创新,以及在此基础上建立的大豆基因组遗传连锁的完整图谱,为大豆的分子标记辅助选择创造了十分有利的条件。VanToai 等(2001)利用数量性状座位标记技术,选择典型的抗涝性强、弱的亲本进行杂交,构建起包括 208 个株系的两个重组近交系群体,通过分子标记确定了一个与抗涝有关的数量性状座位位点,此项工作将会促进大豆抗涝分子育种的开展。

第九章

盐碱对大豆生长的影响及防救策略

本章导读： 本章讲述了盐碱的形成原因、对
大豆生长的危害以及防救策略。

第一节
盐碱的类型与分布 ▶

　　我国幅员辽阔,自然情况复杂,气候变化差异很大。受其影响,盐碱类型也很复杂。

一、盐碱土类型

　　按土壤中可溶性盐分组成的不同,可将我国各地的盐碱土大致分为6种类型:①氯化物盐土;②硫酸盐氯化物盐土;③氯化物硫酸盐盐土;④硫酸盐盐土;⑤苏打盐土及碱化盐土;⑥碱土。

　　我国沿海一带的盐碱土,其形成主要是受海水影响和海潮侵蚀所致,土壤中含较多盐分,且以氯化钠为主,属氯化物盐土类型。西北干旱地区的盐碱土,因受气候及成土母质的影响,土壤中富含硫酸盐,属硫酸盐盐土。华北平原地区的盐碱土多发于浅色草甸土上,土壤中多含氯化物和硫酸盐,而且因受地形变异的影响,硫酸盐与氯化物向表土积累的数量有所差异,所以属氯化物硫酸盐盐土或硫酸盐氯化物盐土。在西北、华北及东北部分地区,还有不同类型的苏打盐土和碱土。

二、盐碱土地分区

　　根据盐碱土的类型和其分布地区的水文地质、地形、气候等条

件,可将我国盐碱土地区分为 5 个大区:

(一)沿海盐碱区

受海潮直接或间接影响的地区,包括长江以北的山东、河北、辽宁等省及江苏北部的海滨冲积平原及长江以南的浙江、福建、广东等省沿海一带的部分地区。

(二)华北盐碱土区

包括黄河下游、海河流域中下游的沿河低洼和低平地区。

(三)西北半干旱盐碱土区

宁夏及内蒙古河套地区。

(四)西北干旱盐碱土区

包括新疆、青海、甘肃河西走廊和内蒙古西部大部地区,是我国盐碱土分布最广的地区。

(五)东北盐碱土区

东北平原及其周围的低丘和阶地,主要包括东部三江平原、北部平原、南部平原的北部与大兴安岭西麓狭长地带的黑土区,以及内蒙古自治区东北部。

第二节

盐碱的成因 ➤➤➤➤➤➤

各种盐碱地都是在一定的自然条件下形成的,其实质是各种易溶性盐类在地面作水平方向及垂直方向的重新分配,从而使盐分在土壤表层逐渐积聚起来。影响盐碱土形成的主要因素有:

一、气候条件

在我国干旱和半干旱地区,由于干旱、降水量少,土壤盐分可向土壤上层聚集。我国各地土壤积盐程度随气候干燥程度而有很大差异。在华北和东北平原,盐分淋溶作用较强,春季、秋季、冬季水分偏少,特别是春季干旱多风,蒸发强烈,盐分累计占优势,地表聚盐较多;而心土、底土盐分含量并不多。在宁夏和内蒙古冲积平原,年降水量较少,夏季盐分淋溶作用较弱,春季蒸发强烈,盐分明显表聚,常有盐结皮和盐壳析出。在新疆和青海的柴达木盆地以及甘肃的河西走廊,年降水量极少,土壤常年积盐,地表存在较厚的盐结壳。

二、地理条件

地形部位高低对盐碱土的形成影响很大,地形高低直接影响地表水和地下水的运动,也就与盐分的移动和积聚有密切关系。从大地形看,水溶性盐随水从高处向低处移动,在低洼地带积聚。在干旱和半干旱地区,盐土多分布在内陆湖盆地、河流汇集的高原盆地、低地冲积平原和河流湖滨的邻近地区。河滩高地及缓岗因地势较高,降水除部分下渗土壤外,大部分形成地面径流顺坡流向低地;地下径流坡降较大,流速较快,其土壤水分状况主要是下渗水平运动。因此,盐分多被淋洗,一般不发生盐碱化。在缓平坡地,除就地产生地表径流外,还承受高地的坡水,由于地势平缓,流速较为缓慢,有时形成暂时积水现象,在丰水年也会造成涝灾,沥水大部分补给地下水,抬高地下水位,地下径流坡降小,流速较慢,其土壤水分主要属于上升水平运动,有明显的季节性积累和淋溶盐分的过程。在地下水较浅的地方,多形成轻盐碱地,在矿化度较高的地方,也有重盐碱地及盐斑的分布。洼地是地表径流汇集区,常与地下水相连,其土壤水分呈下渗上升交替垂直运动,外地边缘还有水分的侧渗运动,成为盐碱最易积聚的地方。

三、土壤质地和地下水

不同的土壤质地,有不同的毛管性状,因此土壤质地决定了土壤毛管水上升的高度和速度,以及水的入渗性能,从而影响潜水蒸发的速率和水盐动态特征。一般来说,壤质土毛管水上升速度较快,高度也高,沙土和黏土积盐均慢些。地下水影响土壤盐碱的关键问题是地下水位的高低及地下水矿化度的大小,地下水位高,矿化度大,容易积盐。

四、河流和海水的影响

河流及渠道两旁的土地,因河水侧渗而使地下水位抬高,促使积盐。同时由于河道排水不畅亦可引起洪、涝和盐碱。沿海地区受气候、地形及人为因素的影响,会出现海水倒灌现象,令土壤底层受海水浸渍,形成高含盐量的土壤,其地下水含盐量比一般内陆地区的地下水高。海水浸渍对成土母质亦有影响,可使受海水浸渍的沉积土积聚大量盐分,形成滨海盐碱土。

五、人为因素的影响

人类活动对植被、土壤水分、地下水位均可产生影响。如工业活动产生的废弃物也含有大量盐分,可造成土壤盐碱化。不合理的利用草地,如过度放牧、割草、烧荒和挖药等原因使草地植被受到严重破坏。有些地方浇水时大水漫灌,或低洼地区只灌不排,以致地下水位很快上升而积盐,使原来的好地变成了盐碱地。

第三节

盐碱对大豆的影响 ▶

一、盐害

由土壤里可溶性盐类过量引起。各种可溶性盐类对大豆影响程度不同,可溶性盐溶解于水和离子穿透作物细胞的能力越大的,对大豆的危害也就越大。

(一) 影响作物吸水

大豆是不能离开水分而生存的,只有在大豆植物细胞液比土壤溶液的浓度大 1 倍左右时,才能源源不断地从土壤中吸收水分。当土壤中含有过量盐分时,土壤溶液浓度提高,会增加大豆吸水的困难,种子在土壤中吸不到足够的水分,就难以萌动、发芽。即使出了苗,也难以维持正常的生长和发育,有的甚至还会像腌咸菜一样,产生"生理脱水"的现象,萎蔫死亡。

(二) 影响作物吸收养分

大豆所需的养分一般都是伴随水分进入植物体内。盐分多,影响大豆吸收水分,亦影响大豆对养分的吸收。同时,由于氯离子和钠离子的大量存在,还能抑制大豆对钙、磷、铁、锰的吸收,造成大豆体内营养元素的缺乏,进而抑制了大豆的生长发育和其他生理功能。由于大豆对钙需求量大,在盐碱条件下对钙的摄取受阻,将不利于大豆生长。

137

（三）盐分的毒性效应

土壤中某些离子浓度过高时,对作物会有直接毒害。氯离子的过量可引起大豆叶片枯萎,在营养生长和开花早期,受害植株下部叶片可能脱落,随生长季节的进展,盐害症状加重,受害叶片增多。

（四）对大豆植株性状及产量的影响

盐对大豆植株性状影响最大的是分枝数减少,对产量影响最大的是单株饱荚数减少,其次是百粒重降低,这些都是盐的危害造成大量花荚脱落的结果。产量下降的另一主要因素是分枝数减少,豆荚的着生部位减少,因而荚数相应减少。

二、碱害

由于土壤胶体吸附有大量的代换性钠离子,土壤中游离的强碱性物质,可产生直接或间接危害:

☞ 土壤中代换性钠离子过量存在时,土粒分散,干时板结,湿时泥泞,不通气,不透水,影响大豆根系的呼吸作用和养分吸收,对大豆生长发育不利。

☞ 碱性强的土壤中,钙、磷、铁、锰等营养元素易被土壤固定,不易被大豆吸收,可使大豆产生缺钙、缺磷、缺铁等营养不良现象,从而不能正常生长发育。

☞ 碳酸钠等强碱性物质,可破坏大豆根部的各种酶,影响大豆新陈代谢的进行,特别是对刚萌发的芽和根有很强的腐蚀性,可产生直接伤害。

第四节

盐碱灾害的防救策略

一、选育耐盐品种

（一）选育耐盐品种的意义

对盐碱地的开发利用,除大规模水利工程建设外,筛选和培育耐盐、高产品种,已成为当今世界各国土壤改良工作和育种工作的热点。从长远的战略意义考虑,筛选和培育耐盐碱作物,是开发利用盐碱地最有希望的途径。其意义:①可以扩大耕地利用面积;②节约资金,减少灌排水所消耗的能源和水源;③可以改变盐碱地区农业产量低而不稳的状况;④避免沿海地区因抽提地下水而引起的海水倒灌;⑤将来有可能建立海水灌溉体系,可充分利用海水中的丰富营养元素。

（二）大豆耐盐碱育种的途径

☞ 对现有的和新收集的种质资源及杂交材料进行耐盐性鉴定。

☞ 将耐盐性与优良的农艺性状及抗病虫性等通过品种间杂交结合起来。

☞ 鉴定耐盐育种计划中各世代材料及品系。

☞ 在田间对育成品系进行耐盐碱性选择,并兼顾其他农艺性状,如抗倒性、抗病虫性等。

☞ 对耐盐品系进行多点鉴定。

☞ 大田鉴定。

139

二、整平土地、灌溉排水

整平土地可以防止高地返盐和洼地窝盐。灌溉冲洗可增加淋洗作用,加速土壤脱盐;排水可改变、改善区域性的地面径流和水文地质条件,有利于土壤脱盐及防止土壤返盐。排灌配套需要合理而完善的排水渠,做到有灌有排。在降水条件较好的地区,在田内灌水洗盐,可加快土壤的脱盐速度。但泡田洗盐碱的用水量不应过大或过小,如果过大,土壤不能有效脱盐,同时又浪费水资源,容易造成土肥流失;过小则达不到冲洗盐碱的目的。除了挖沟灌溉,滴灌也是一种既节水又高效的方法,在盐碱地可得到广泛应用。在播种时,灌溉设施配合地膜覆盖技术,可以减少蒸发,膜下土壤含水量增加,耕层盐分浓度降低,有助于出苗和壮苗。近年来,大豆免耕覆秸播种技术的应用,将前茬作物的秸秆覆盖在播种后的田地中,利于土壤水分的保持,充分利用有限的墒情,可保证大豆的及时播种和良好的出苗率。

三、施肥

土壤有机质的合成和分解是土壤形成过程的实质。土壤有机质积极参与土壤统一形成过程的生物循环,它们作为营养元素(氮、磷、钾、硫、硅等)的来源起着巨大作用。同时,它们影响着土壤微生物区系分布活性和土壤中一系列的微生物学过程,对盐碱地来说,土壤有机质还影响盐碱的累积和转化。因此,土壤肥力问题,在很大程度上,也可以说是土壤有机质问题。

增施有机肥,重施氮、磷化肥,能明显改良盐碱地。相对于无机化肥,有机肥肥效长,有机质丰富,能够增加土壤的孔隙度,有效改良土壤结构,增强土壤保水保肥能力,并在分解时产生有机酸和碳酸的互作,从而把有害的碳酸钠转化为无害的盐类。腐叶土、松针、木屑、树皮、马粪、泥炭、醋渣及有机垃圾等都是常用的有机肥料。此外,盐碱地的 pH >7,增施化学酸性肥料过磷酸钙,可使 pH 值降低,同时磷素能提高作物的抗性。施入矿物性化肥,可补充土壤中氮、磷、钾、铁等元素的含量。

四、化学改良

改良盐碱地还可以采用化学改良法,即用石膏、硫酸亚铁(黑矾)、硫酸、硫黄等化学改良剂,降低土壤碱性,减轻和消除碱金属碳酸盐和重碳酸盐对作物的毒害,调节、改善土壤的理化性及生物学特性,达到恢复和提高土壤肥力的目的。

常用的化学改良剂:

(一) 石膏

1. 石膏改良土壤、保苗增产的作用

石膏的主要化学成分为硫酸钙。石膏有含结晶水和不含结晶水两种,前者称为软石膏,后者称为硬石膏,这两种石膏中的硫酸钙含量都在 80% 以上。在农业上最好应用硬石膏,因其加工方便,可以直接粉碎施用。

施用石膏之所以能改碱保苗,主要是由于钙离子的作用。通过钙离子和土壤中游离的碳酸氢钠和碳酸钠的作用,生成碳酸钙、重碳酸钙和硫酸钠,降低土壤碱性,消除碳酸钠及碳酸氢钠对作物的毒害。同时,钙离子可代换土壤胶体上的代换性钠离子,使钠—黏土变为钙—黏土。此外,施用石膏还可以直接改善碱化土的钙质营养条件,减轻其他可溶盐的危害。

2. 使用的方法

在播种时,集中沟施或穴施效果好。石膏用作改良剂,要求有一定的细度,一般粒子越细,改土的速度越快,效果也越大。在有灌溉条件的地区,施用石膏后,要进行灌溉冲洗,洗除土壤中的硫酸钠等可溶盐,以增加活性钙离子数量,加快代换速度,提高改碱效果,充分发挥石

膏改碱效益。石膏一定要和厩肥配合使用,厩肥除了本身可起改土肥苗作用外,在分解过程中,可以产生有机酸及放出二氧化碳,促进石膏溶解,增加活性钙离子浓度,提高石膏改碱、保苗、增产的效果。

(二)黑矾

黑矾又叫皂矾,主要化学成分为硫酸亚铁。由于硫酸亚铁和水作用可生成硫酸,所生成的硫酸,可直接起中和作用,降低土壤的碱性,如果在石灰性土壤中,又可和土壤中的石灰起作用,生成石膏(硫酸钙),起石膏的改良效果。施用黑矾以后,土壤一般碱性降低,但总含盐量增加(主要是可溶性硫酸盐类的积累),为消除"盐"害,应进行必要的灌溉。

(三)磷石膏

磷石膏是生产磷铵肥的副产物,主要成分是磷酸钙,同时含有磷铁等作物所必需的营养元素及一定量的游离酸。磷石膏中的有效钙进入土中将使土壤胶体复合体中的钠离子代换出来,降低钠碱化度,而且吸收的钙离子多,增加土壤的团聚体,从而改善土壤的通气透水等物理性状,也增加黏质土的渗透速度,达到快速脱盐脱碱的目的。磷石膏中的游离酸可以快速中和土壤的碱度,使 pH 值降低。磷石膏中富含有效磷和有效钙及作物生长所必需的营养元素,适量施用可增强土壤肥力。

五、生物改良

在生物防盐中多利用耐盐牧草进行盐碱地的改良,大量研究表明,耐盐牧草对盐碱地具有明显的改良作用。碱蓬、中亚滨藜、碱茅(星星草)、西伯利亚白刺、沙枣、怪柳、地肤、罗布麻等都是常用的耐盐牧草。在盐碱地上种植耐盐植物,不但能回收土壤中的盐分,同时能改善土壤肥力和物理性状。种植这些耐盐植物后,土壤盐量都有不同程度的下降,有机质、氮、磷、钾水平都有不同程度的提高,伴生植被类型进一步丰富,并逐渐由盐生植物变成非盐生植物。

第十章

大豆常见病虫害的发生与防治

本章导读： 本章讲述了大豆常见病虫害的发生规律和防治措施。

第一节

大豆常见病害的发生与防治 ▶

一、大豆花叶病毒病（图 10 - 1）

图 10 - 1　大豆花叶病毒病

（一）危害症状

在大豆产区，大豆花叶病毒病常年使产量损失 5% ~7%，重病年损失可达 10% ~20%，甚至绝收。侵染大豆后，叶片出现花叶、黄斑，随后出现叶缘向下卷曲、皱缩，植株矮化，贪青晚熟，部分品种会出现顶端生长点枯死等症状。感病叶片的叶绿素含量下降,影响植株的光合能力,造成大豆减产。大豆花叶病毒病还可以使大豆子粒产生斑驳,降低大豆的商品品质。

(二) 发生规律

大豆花叶病毒病通过种子传播,也可通过病汁液和蚜虫等刺吸式害虫进行非持久性传毒。带病毒的种子是田间发病的初期感染源。不同品种受病毒感染后,种子带毒率有差异。抗病毒品种种子带毒率显著低于感病品种,营养期感染越早,种子带毒率越高。

有翅蚜的迁飞是田间传播的主要途径。在田间有毒源的情况下,蚜虫发生时期有翅蚜迁飞期及着落于植株的频率是影响严重度的重要因素。大多数种类的有翅蚜着落于大豆的上层叶片上危害,黄绿色植株多于深绿色植株。蚜虫的传播距离一般在100米以内。

温、湿度是影响田间蚜虫发生量及迁飞的因素之一,不同的大豆品种在气温30℃以上,病毒植株出现隐症。

(三) 防治技术

1. 种植抗病毒品种

选用抗病品种是减少大豆花叶病毒病损失的最经济有效的方法。目前,生产上大面积推广应用的育成品种,对大豆花叶病毒病均有一定的抗性,一般在中抗以上。在连年种植过程中,有病毒病逐年严重的现象,这主要是由于品种的抗性衰退,或当地侵染病毒株系的变化引起的,应当对抗性品种进行提纯复壮,或改种植适合当地的抗性品种。

2. 建立无毒种子繁育基地

大豆花叶病毒病是一种种传病害,因此,种植无毒种子是防治病毒病的有效措施。无毒种子繁育基地要求在基地100米以内不种植该病毒的寄主作物。种子田在分枝期或开花期及时拔除病株,后期在收获前发现病株(贪青晚熟)也应拔除,全生育期应加强病虫害尤其是刺吸式害虫的防治。

145

3. 铲除蚜虫的滋生和繁殖场所

清除田间和地头的杂草。

4. 防治蚜虫,切断传播源

大豆花叶病毒在田间流行主要通过蚜虫传播,传播田间病毒的主要是有翅蚜,且多是非持久性传毒。发生蚜虫时,应及时施药防治,常用的药剂有:10% 吡虫啉可湿性粉剂 15 ~ 20 克/亩,对水 30 ~ 40 千克喷雾;或用 40% 乐果 80 ~ 120 克/亩,对水 30 千克喷雾。

二、大豆根腐病 (图 10 – 2)

图 10 – 2　大豆根腐病

(一) 危害症状

大豆各生育期均可发病。出苗前染病,引起种子腐烂或死苗。出苗后染病,引致根腐或茎腐,造成幼苗萎蔫或死亡。成株染病,茎基部变褐腐烂,下部叶片叶脉间黄化,上部叶片褪绿,造成植株萎蔫,凋萎叶片悬挂在植株上。病根变成黑褐色,侧根、支根腐烂。

(二)发生规律

病菌以卵孢子在土壤中存活越冬成为该病初侵染源。带有病菌的土粒被风吹或雨溅到大豆上能引致初侵染,积水土中的游动孢子遇上大豆根以后,先形成休止孢子,后萌发侵入,产生菌丝在寄主细胞间蔓延,形成球状或指状吸器汲取营养,同时还可形成大量卵孢子。土壤中或病残体上的卵孢子可存活多年。卵孢子经 30 天休眠才能发芽。湿度高或多雨天气、土壤黏重,易发病。重茬地发病重。带菌种子也可使幼苗在出土前发病。温度低易发生此病,播种过深过早,幼苗出土、生长缓慢,幼茎及根细弱,地下部分延长,增加了病菌侵染的机会。土壤干旱后逢连阴雨,寄主生长迅速,根和茎基部产生纵裂伤口,也有利于病菌侵入,导致发病重。

(三)防治技术

1.加强检疫

由于大豆疫霉根腐病局部发生,应加强检疫,防止疫区扩大,特别是加强对疫区调出种子的检疫。

2.选用抗病品种

不同品种对大豆根腐病的抗性有很大差异,在发病地区推广种植抗病品种,以减轻和避免危害,郑 92116、豫豆 25 号等对大豆疫霉根腐病有较强抗性。

3.与非寄主作物轮作

轮作可以减少土壤中的病原数量,减轻发病。加强田间管理,及时深耕及中耕培土,改善土壤通气状态。雨后及时排除积水防止湿气滞留。

4.化学药剂

可用内吸性杀菌剂瑞多霉处理种子,可抑制荚期猝倒。还可用 70% 百德富锰锌、64% 杀毒矾和 72% 克露可湿性粉剂于播种前处理种了,用药量为种子量的 0.3% ~0.38%。

三、大豆细菌性斑疹病（图 10 - 3）

图 10 - 3　大豆细菌性斑疹病

（一）危害症状

大豆细菌性斑疹病又叫细菌性叶烧病，主要危害叶片，也危害幼苗、豆荚和子粒。发病初期在叶片上形成水渍状斑，呈褪绿色，后转变为黄色至深褐色多角形病斑，周围有黄绿色晕圈。湿度大时叶背面常有白色黏液，干燥后形成有光泽的膜。严重时多个病斑汇合成不规则的枯死大斑，病组织易枯死脱落。叶片呈破碎状，造成下部叶片脱落。茎及叶柄感病形成黑褐色水渍状条状病斑。豆荚上的病斑初呈红褐色小点，逐渐变成褐色不规则形斑点，多集中在豆荚的合缝处。种子上病斑不规则，呈褐色，剥开后常见病粒上覆盖一层菌脓。

（二）发生规律

细菌性斑疹病菌在种子上或未腐熟的病残体上越冬，翌年播种带菌种子，出苗后即发病，成为该病的扩展中心，病菌借风雨传播蔓延。多雨或暴雨后，叶面伤口多，利于该病的发生。连作地发病重。

（三）防治技术

1. 合理轮作

与禾本科作物及棉、薯类作物进行轮作,收获后及时深翻,促使病残体加速腐烂。

2. 选用抗病品种

在发病地区种植抗病品种。

3. 种子处理

播种前,用种子重量 0.3% 的 50% 福美双拌种。

4. 药剂防治

发病初期喷洒 50% 多菌灵或 30% 绿得保悬浮液 400 倍液,视病情决定防治次数,一般 2～3 次。72% 硫酸链霉素或 20% 二氯异氰尿酸钠 15～20 克/亩对水 30 千克喷雾。

四、大豆胞囊线虫（图 10-4）

图 10-4　大豆胞囊线虫

（一）危害症状

大豆胞囊线虫病俗称"火龙秧子"，是一种土传性病害。受害轻者可减产10%左右，严重年份可减产30%～50%，甚至绝收。

大豆胞囊线虫主要危害大豆的根部，被害植株发育不良，矮小。苗期感病后，子叶、真叶变黄，发育迟缓，成株感病地上部矮化和枯萎，结荚减少，病株根系不发达，根瘤小而少。根系上着生的白色或淡黄色的小颗粒即胞囊。土质疏松，透气性好的土壤大豆胞囊线虫危害严重；黏重以及含水量高的土壤不利于大豆胞囊线虫的生存，危害较轻。

（二）发生规律

线虫的生活史包括卵、幼虫和成虫3个时期。胞囊线虫的每个胞囊内含几十到几百个卵，卵孵化成幼虫，进入土中可自由生活数周，然后侵入大豆根部，寄生在幼根皮层内，在根部发育为成虫，成虫突破表皮露出体外与土壤中的雌虫交配，完成一代发育过程。大豆胞囊线虫以胞囊形式在土壤中越冬，成为翌年的初侵染源。胞囊有很强的抗逆性，可在土中存活3～4年，甚至7～8年。胞囊也可混杂于种子、土块和大豆残体上成为初侵染源。大豆胞囊线虫远距离传播主要靠种子，近距离传播主要靠田间农事操作的农具携带传播，或随排灌流水或雨水携带。线虫本身活动范围很小，一年仅能移动30～60厘米，因此大豆胞囊线虫在田间成片状发病。

大豆胞囊线虫的发生和危害与耕作制度、温度、湿度、土壤类型和肥力状况有关，连作发病重，干旱、保水保肥能力差的土壤危害严重。

（三）防治技术

1. 选用抗病品种

种植抗病或耐病品种是防治大豆胞囊线虫的一项经济有效的措施。

2. 合理轮作

由于线虫存留在土壤中，通过非寄主作物的轮作、水旱轮作可以有效地降低土壤中的胞囊数量。

3. 加强栽培管理

选择保水保肥的地块种植大豆,增施有机肥,提高土壤的肥力,促进植株健壮生长,增强抗病性。

4. 化学防治

在线虫侵染而又无抗病品种的地区,应用化学防治大豆胞囊线虫确实有效,目前常用的有8%甲多种衣剂,药种1:75进行包衣处理;种衣剂26-1,防效可达68.7%。因农药对环境有污染,应尽量减少使用量。

5. 生物防治

应用生物防治剂进行防治,如大豆保根菌剂。

五、大豆灰斑病（图10-5）

图10-5　大豆灰斑病（引自网络）

（一）危害症状

大豆灰斑病也称蛙眼病,是大豆的一种叶部病害,大豆叶片受害

151

后影响光合作用,降低产量并影响品质。植株和部分豆荚被感染后,均形成病斑,成株叶片病斑呈圆形、椭圆形或不规则形,大部分为灰褐色,也有灰色或赤褐色呈蛙眼状,病斑周围暗褐色,与健全组织分界明显。茎秆上病斑为圆形或纺锤形,灰色,边缘黑褐色。潮湿时叶背面病斑中央部分密生灰色霉层,病重时病斑合并,叶片枯死、脱落。子粒病斑明显,与叶片病斑相似,为圆形蛙眼,边缘暗褐色,中部为灰色,严重时病部粗糙,可突出种子表面,并生有细小裂纹,轻病粒仅产生褐色小点。

(二)发生规律

病菌以分生孢子或菌丝体在病粒或病株上越冬,病残体为主要的初侵染来源。苗期遇低温多雨,土壤潮湿,地温低,幼苗出土困难,发病重。大豆开花结荚后如遇多雨天气,相对湿度大,病害会很快流行。

(三)防治方法

1. 选育和利用抗病品种

可选用的抗病品种有垦农 4 号、合丰 29、东农 42、东农 43、豫豆 22、长农 16 等。

2. 合理轮作

避免重茬种植,及时清除田间病残体,收获后及时翻耕,减少越冬菌量。

3. 药剂防治

结荚和子粒易感病时期喷药,以控制子粒病害。

六、大豆霜霉病(图 10 - 6)

(一)危害症状

大豆霜霉病在大豆各生育期均可发生,气候冷凉地区发生较多。严重的引致叶片早落或凋萎、种子霉烂,一般可造成减产 10% ~ 15%。主要危害幼苗或成株叶片、荚及豆粒。带病种子长出的幼苗

图 10 - 6　大豆霜霉病

能系统发病,子叶未见症状,从第一对真叶基部现褪绿斑块,沿主脉、侧脉扩展,造成全叶褪绿。以后全株的叶片均可显症。花期前后雨多或湿度大,病斑背面生有灰色霉层,病叶转黄变褐而干枯。叶片被再侵染的,出现褪绿小斑点,后变为褐色小点,背面也生霉层。豆荚染病后,外部症状不明显,但荚内常现黄色霉层,即病菌菌丝和卵孢子,受害豆粒发皱无光泽,表面附一层黄白色粉末状霉层。

(二)发生规律

病菌以卵孢子在病残体上或种子上越冬。种子上附着的卵孢子是最主要初侵染源,病残体上的卵孢子侵染机会少。卵孢子随种子发芽而萌发,产生游动孢子,从寄主胚轴侵入,进入生长点,向全株蔓延成为系统侵染病害,病苗则成为再侵染源。气温 15℃时带病种子上卵孢子的发芽率高达 16%,20℃时为 1%,25℃时则不发芽,综上原因,东北、华北发病较南方长江流域重。

(三)防治技术

1.选用抗病品种

大豆品种间对霜霉病的抗性有明显差异,针对当地流行的生理小种,选用抗病力较强的品种。

2. 农艺措施

针对该菌卵孢子可在病茎、病叶上残留并在土壤中越冬,清除田间病残体并进行深翻耕,实行轮作,减少初侵染源。

3. 选用无病种子

减少初侵染菌源,减少系统侵染的幼苗病株。

4. 种子药剂处理

播种前用种子重量 0.3% 的 35% 甲霜灵粉剂拌种或用 50% 多菌灵可湿性粉剂按种子量的 0.7% 拌种。

5. 喷药防治

发病初期开始喷洒 40% 百菌清悬浮剂 600 倍液或 25% 甲霜灵可湿性粉剂 800 倍液、58% 甲霜灵·锰锌可湿性粉剂 600 倍液,对上述杀菌剂产生抗药性的地区,可改用 69% 安克锰锌可湿性粉剂 900 ~ 1 000 倍液。

七、大豆紫斑病 (图 10 - 7)

图 10 - 7　大豆紫斑病

（一）危害症状

主要危害豆荚和豆粒,也危害叶和茎。苗期染病,子叶上产生褐色至赤褐色圆形斑,云纹状。真叶染病,初生紫色圆形小点,散生,扩展后形成多角形褐色或浅灰色斑。茎秆染病,形成长条状或梭形红褐色斑,严重的整个茎秆变成黑紫色,上生稀疏的灰黑色霉层。豆粒染病,形成紫色斑,内浅外深,形状不定,大小不一,仅限于种皮,不深入内部,症状因品种及发病时期不同而有较大差异,多呈紫色,有的呈青黑色,在脐部四周形成浅紫色斑块,严重的整个豆粒变为紫色,有的龟裂,严重影响大豆的商品品质。

（二）发生规律

病菌以菌丝体潜伏在种皮内或以菌丝体和分生孢子在病残体上越冬,成为翌年的初侵染源。播种带菌种子,引起子叶发病,病苗或叶片上产生的分生孢子借风雨传播进行初侵染和再侵染。大豆开花期和结荚期多雨、气温偏高,均温 25.5～27℃,发病重;高于或低于这个温度范围,发病轻或不发病。连作地及早熟种发病重。

（三）防治技术

1. 选用抗病品种

生产上抗病毒病的品种较抗紫斑病。

2. 种子处理

选用无病种子并进行种子处理,用 0.3% 的 50% 福美双或 40% 大富丹拌种。

3. 农艺措施

大豆收获后及时进行秋耕,以加速病残体腐烂,减少初侵染源。

4. 药剂防治

在开花始期、蕾期、结荚期、嫩荚期各喷 1 次 30% 碱式硫酸铜悬浮剂 400 倍液或 1:1:160 倍式波尔多液、50% 多·霉威可湿性粉剂 1 000 倍液、50% 苯菌灵可湿性粉剂 1 500 倍液,每亩喷对好的药液 50 千克左右。

八、大豆菌核病（图 10 - 8）

图 10 - 8   大豆菌核病

（一）危害症状

大豆菌核病又称白腐病、死秧子病、白绢病。全国各地均可发生。该病危害地上部，苗期和成株期均可发病，造成苗枯、叶腐、荚腐等症状，但以成株花期发生为主，危害最严重。

大豆菌核病是一种真菌性病害，以侵染大豆茎部为主，导致植株上部叶片变褐枯死，茎部或分枝产生褐色病斑。湿度高的病斑上产生絮状菌丝体并逐渐形成白色不规则颗粒状菌丝团，然后变成灰色，直至最终形成黑色菌核，分散排列在茎部内外。后期病斑组织破碎，露出木质部，严重的整株死亡。叶片被害时呈暗青色、水渍状、腐烂，有时有絮状菌丝。也可侵染豆荚，使荚内种子腐烂、干瘪、无光泽，严重时不能结实。

（二）发生规律

大豆菌核病菌在大豆茎部形成菌核，呈圆柱形、鼠粪状或不规则形。菌核落在土壤、病残体或混在种子中越冬，翌年在环境适宜的条件下，子囊盘和子囊孢子成为田间的初侵染源。子囊孢子通过风、气流飞散传播蔓延进行初侵染。在侵染时，通过病部接触传播或菌丝断裂传播，条件适宜时，特别是大气和田间湿度高，菌丝迅速繁殖。菌核在土壤 3 厘米以下不能萌发。该病发生的适宜温度为 15 ~ 30℃，相对湿度在 85% 以上。

（三）防治技术

1. 精选种子

播种前，将种子过筛以清除混杂于种子间的菌核。

2. 轮作倒茬

与非寄主作物或禾本科作物实行 3 年以上轮作，避免重茬，可减少菌核病的发生。

3. 加强田间管理

及时排除田间积水，降低田间湿度，合理密植，控制氮肥施用量，增施钾肥。

4. 药剂防治

可用 40% 纹枯利可湿性粉剂 800 ~ 1 200 倍液或 50% 速克灵可湿性粉剂 2 000 倍液，于菌核病发病初期叶面喷雾，隔 1 周补喷 1 次。

九、大豆锈病（图 10 - 9）

大豆锈病俗称豆锈病，主要分布在长江以南秋大豆区，且有从南向北蔓延的趋势。大豆锈病属气传、专性寄生病害，发病一般损失 10% ~ 30%。

（一）危害症状

大豆锈病主要发生在叶片、叶柄、茎秆等部位，以叶片危害最为严重。全生育期均能被感染。发病初期叶片上出现褐色小点，以后

图 10 - 9 大豆锈病（引自网络）

病斑逐渐扩大,呈黄褐色,红褐色,紫褐色或黑褐色小斑,病部逐渐隆起,形成夏孢子堆,病斑密集时形成被叶脉限制的坏死斑,病斑表皮破裂,散出很多锈色夏孢子。发病后期,温度下降,可产生黑色冬孢子堆。植株一般从下部叶片感病,向上蔓延,叶片迅速发黄,并提早脱落。

（二）发生规律

大豆锈病病原菌在 8～25℃均可发病,在适宜的温度条件下,雨量是决定病害流行的重要因素,雨量的多少直接影响病害的发生程度。田间空气相对湿度和土壤相对含水量对发病也有一定的影响,低洼易涝,湿度大的地块发病重。大豆品种对锈病的感病程度有很大差异。

（三）防治技术

1. 选用抗病品种

不同的大豆品种对锈病的抗性不同,因地制宜选用抗病品种是防治大豆锈病最经济有效的措施。

2.农艺措施

合理密植,改善通风透光条件,采用高畦或垄作,开沟排渍,降低田间湿度,加强田间管理,增施磷、钾肥,以提高大豆的抗病能力。

3.化学防治

在发病初期可进行药剂防治。常用的有15%粉锈灵可湿性粉剂1 500倍液;75%百菌清可湿性粉剂750倍液;70%代森锰锌可湿性粉剂500倍液。每10天喷1次,连续喷2~3次即可。

十、大豆白粉病 (图10 – 10)

图10 – 10　大豆白粉病

(一)危害症状

大豆白粉病是一种区域性和季节性较强的病害,其易于在凉爽、湿度大、早晚温差较大的环境中出现,但也有文献报道其容易在湿度低的环境发病。

此病主要危害叶片,叶上斑点圆形,具黑暗绿晕圈。逐渐长满白色粉状物,后期在白色粉状物上长出黑褐色球状颗粒物。大豆白粉病主要危害叶片,不危害豆荚,叶柄及茎秆极少发病,发病先从下部叶片开始,后向中上部蔓延。感病叶片正面,初期产生白色圆形小粉斑,扩大后呈边缘不明显的片状白粉斑,严重发病叶片表面撒一层白粉病菌的菌丝体及分生孢子,后期病斑上白粉逐渐由白色转为灰色,最后病叶变黄脱落,严重影响植株生长发育。

病菌以闭囊壳里子囊孢子在病株残体上越冬,成为翌年的初侵染源。在寄主感病、菌源多和气候、栽培条件充分有利于发病时,易造成病害的流行,主要危害叶片。

(二)发生规律

温度 15～20℃ 和空气相对湿度大于 70% 的天气条件有利于病害发生,雨水过大不利于病害发生。大豆白粉病的发生与下面因素有关:①与品种有关;②与肥料有关,氮肥多则发病重;③与叶片部位有关,中下部叶片比上部叶片发病重。

(三)防治方法

1. 选用抗病品种

品种间抗病性差异明显,应选种抗病品种。

2. 合理施肥

合理施用肥料,保持植株健壮。增施磷、钾肥,控制氮肥用量。

3. 药剂防治

当病叶率达到 10% 时,每亩可用 20% 粉锈宁乳剂 50 毫升,或 15% 粉锈宁可湿性粉剂 75 克,对水 60～80 千克进行喷雾防治;发病初期及时喷洒 25% 多菌灵可湿性粉剂 500～700 倍液,能减轻发病。

十一、大豆链格孢黑斑病（图 10－11）

(一)病害症状

大豆链格孢黑斑病,是一种主要危害叶片、豆荚的真菌型病害。染病部位会出现或大或小的病霉斑,叶片上还会引起腐烂。危害的

图 10 - 11　大豆链格孢黑斑病

真菌链格孢,属于半知菌亚门。叶片染病初生圆形至不规则形病斑,中央褐色,四周略隆起,暗褐色,后病斑扩展或破裂,叶片多反卷干枯,空气相对湿度大时表面生有密集黑色霉层,即病原菌分生孢子梗和分生孢子。荚染病生圆形或不规则形斑,密生黑霉。病菌以菌丝体及分生孢子在病叶或病荚上越冬,成为翌年初侵染源,在田间借风雨传播进行再侵染。高温多湿天气有利发病,大豆生育后期易发病。

（二）病原特征

链格孢属半知菌亚门真菌。分生孢子梗单生或数根束生,暗褐色;分生孢子倒棒形,褐色或青褐色,3～6 个串生,有纵隔膜 1～2 个,横隔膜 3～4 个,横隔处有缢缩现象。

（三）防治方法

1. 种植管理

收获后及时清除病残体,集中深埋或烧毁。

2. 药剂防治

发病初期用 25% 丙环唑乳油 1 000～1 500 倍液喷雾,或每亩用多菌灵有效成分 37.5～50 克,对水喷雾。也可喷洒 80% 新万生可湿性粉剂 500～600 倍液或 75% 百菌清可湿性粉剂 600 倍液,隔 7～10 天 1 次,连续防治 2～3 次。

第二节

大豆常见虫害的发生与防治

一、地下害虫

地下害虫是指生活史的全部或大部分时间生活在土壤中危害植物地下种子、植株地下部分或接近土表主茎的一类昆虫。危害大豆的地下害虫很多,主要有蛴螬、地老虎、金针虫、蝼蛄、根蛆等。

（一）蛴螬（图 10 - 12）

图 10 - 12　蛴螬幼虫

162

蛴螬是金龟子幼虫的总称,属于鞘翅目。

1.形态特征

蛴螬体肥大弯曲近 C 形,身体大多白色,有的黄白色。体壁较柔软,多皱。体表疏生细毛。头大而圆,多为黄褐色或红褐色,生有左右对称的刚毛,常为分种的特征。胸足 3 对,一般后足较长。腹部 10节,第十节称为臀节,其上生有刺毛。

2.生活习性

蛴螬大多食性极杂,常可危害双子叶和单子叶粮食作物、多种蔬菜、油料、芋、棉、牧草以及花卉和果、林等播下的种子及幼苗。幼虫终生栖居土中,喜食刚刚播下的种子、根、块根、块茎以及幼苗等,造成缺苗断垄。成虫则喜食果树、林木的叶和花器。是一类分布广,危害重的害虫。在黄淮地区,蛴螬一般一年 2 代,第一代幼虫主要危害小麦,第二代幼虫危害大豆、玉米等秋作物。第二代在 5 月下旬麦收前化蛹,6 月中旬羽化成虫并产卵,7 月下旬大豆开花期幼虫开始危害。蛴螬在一年中活动最适的土温平均为 13～18℃,高于 23℃,即逐渐向深土层转移,至秋季土温下降到其适宜活动范围时,再移向土壤上层。蛴螬喜欢生活在中性或微酸性土壤中,酸碱性过大均不适宜其生长发育。土壤结构疏松,有机质多,保水性好有利于发生。牲畜粪、腐烂的有机物有招引成虫产卵的作用,施用未腐熟的农家肥一般发生较重。

3.防治方法

(1)做好测报工作　调查虫口密度,掌握成虫发生盛期及时防治成虫。

(2)翻耕土地　对蛴螬发生严重的地块可在深秋或初冬翻耕土地,不仅能直接消灭一部分蛴螬,并且将大量蛴螬暴露于地表,使其被冻死、风干或被天敌啄食等,一般可降低虫量 15%～30%,减轻翌年的发生与危害。

(3)避免施用未腐熟的厩肥　蛴螬成虫对未腐熟的厩肥有强烈的趋性,常将卵产于其中,给田间带入大量虫源。

(4)合理灌溉　土壤的温度和湿度直接影响蛴螬的活动,蛴螬发育适宜的土壤含水量为 15% ~20%,土壤过干过湿,均会迫使蛴螬向土壤深层转移。如持续过干或过湿,虫卵不能孵化,幼虫致死,成虫的繁殖和生活力严重受阻。因此,在不影响作物生长发育的前提下,可通过合理地控制灌溉来防治蛴螬。

(5)药剂处理土壤 如用 50%辛硫磷乳油每亩 200 ~250 克,加水 10 倍,喷于 25 ~30 千克细土上拌匀成毒土,顺垄条施,随即浅锄,或以同样用量的毒土撒于种沟或地面,随即耕翻,或混入厩肥中施用,或结合灌水施入;或用 5%辛硫磷颗粒剂,或 5%地亚农颗粒剂,每亩 2.5 ~3 千克处理土壤,都能收到良好效果,并兼治金针虫和蝼蛄。

(6)药剂处理种子 当前用于拌种用的药剂主要有 30%毒死蜱微囊悬浮剂按药种比 1∶50 拌种。或用 50%辛硫磷,其用量一般为:药剂∶水∶种子 = 0.1∶(3 ~4)∶(40 ~50)。也可用种子重量 2%的 35%克百威种衣剂拌种。亦能兼治金针虫和蝼蛄等地下害虫。

(二)地老虎 (图 10 - 13)

图 10 - 13 地老虎

1. 形态特征

地老虎又称土蚕,属于鳞翅目。成虫体长 16～23 毫米,两翅展开宽 42～54 毫米,深褐色,前翅由内横线、外横线将全翅分为 3 段,具有显著的肾状斑、环形纹、棒状纹和 2 个黑色剑状纹;后翅灰色无斑纹。卵孵化前灰黑色。幼虫体长 37～47 毫米,灰黑色,体表布满大小不等的颗粒。

2. 生活习性

黄淮地区一年发生 4～5 代。对大豆的危害时期主要在幼苗期,即 6 月底之前。幼虫共 6 龄,3 龄前在地面、杂草或寄主幼嫩部位取食,危害不大;3 龄后昼间潜伏在表土中,夜间出来危害,动作敏捷,可将大豆幼苗茎部切断,每条幼虫一晚上可以破坏数十株幼苗。性残暴,能自相残杀。老熟幼虫有假死习性,受惊缩成环形。地老虎喜温暖及潮湿的环境,在河流湖泊地区或低洼内涝、雨水充足及常年灌溉地区较多。

3. 防治方法

(1) 预测预报 对成虫的测报可采用黑光灯或蜜糖液诱蛾器,在华北地区春季自 4 月 15 日至 5 月 20 日设置,如平均每天每台诱蛾 5～10 头以上,表示进入发蛾盛期,蛾量最多的一天即为高峰期,过后 20～25 天即为 2～3 龄幼虫盛期,为防治适期;诱蛾器如连续两天诱蛾在 30 头以上,预兆将有大发生的可能。

(2) 农业防治 早春清除麦田周围杂草,防止地老虎成虫产卵是关键一环;如已被产卵,并发现 1～2 龄幼虫,则应先喷药后除草,以免个别幼虫入土隐蔽。清除的杂草,要远离菜田,沤粪处理。

(3) 诱杀成虫 用糖醋液诱杀器或黑光灯诱杀成虫。

(4) 毒饵诱杀幼虫 在大豆刚刚露出两片真叶时,每亩用敌百虫晶体 30 克加食醋、蔗糖各 30 克,白酒 15 克,拌麦麸 2.5 千克,于傍晚撒于田间防治地老虎,效果良好。或者用地老虎喜食的灰菜、刺儿菜、苦麦菜、小旋花、苣荬、艾蒿、青蒿、白茅、鹅儿草等杂草代替麦麸也可以。

(5) 喷雾防治 地老虎 1～3 龄幼虫期抗药性差,且暴露在寄主植物或地面上,是药剂防治的适期。喷洒 2.5% 溴氰菊酯或 20% 氰戊菊酯 1 500 倍液、20% 菊·马乳油 1 500 倍液、90% 敌百虫 800 倍液均可。

(三)金针虫 (图 10 – 14)

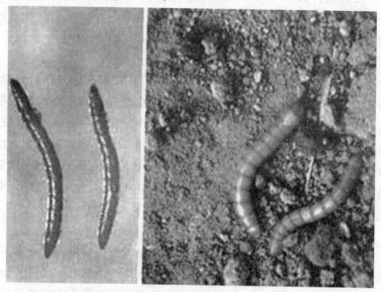

图 10 – 14   金针虫(引自网络)

1. 形态特征

金针虫俗称叩头虫,鞘翅目,成虫一般虫体较暗,体长 8 ~ 18 毫米,体黑或黑褐色,头部生有 1 对具有梳状或锯齿状触角,胸部着生 3 对细长的足,前胸腹板具有 1 个突起,可纳入中胸腹板的沟穴中。头部能上下活动似叩头状。幼虫体细长,金黄或茶褐色,并有光泽,故名"金针虫"。

2. 生活习性

金针虫的生活史很长,因不同种类而不同,常需 3 ~ 5 年才能完成一代,各代以幼虫或成虫在地下越冬,越冬深度在 20 ~ 85 厘米。

沟金针虫约需 3 年完成一代,在华北地区,越冬成虫于 3 月上旬开始活动,4 月上旬为活动盛期。成虫白天躲在麦田或田边杂草中

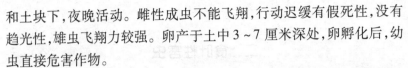

和土块下,夜晚活动。雌性成虫不能飞翔,行动迟缓有假死性,没有趋光性,雄虫飞翔力较强。卵产于土中3~7厘米深处,卵孵化后,幼虫直接危害作物。

在地下主要危害玉米大豆幼苗根茎部。有沟金针虫、细胸金针虫和褐纹金针虫3种,其幼虫统称金针虫,其中以沟金针虫分布范围最广。危害时,可咬断刚出土的幼苗,也可钻入已长大的幼苗根里取食危害,被害处不完全咬断,断口不整齐。还能钻蛀较大的种子及块茎、块根,蛀成孔洞,被害株则干枯而死亡。沟金针虫在8~9月化蛹,蛹期20天左右,9月羽化为成虫,即在土中越冬,翌年3~4月出土活动。金针虫的活动,与土壤温度、湿度、寄主植物的生育时期等有密切关系。其上升表土危害的时间,与春玉米的播种至幼苗期相吻合。

3. 防治方法

(1)农艺措施 与水稻轮作或者在金针虫活动盛期常灌水,可抑制危害。

(2)土壤处理 可用48%地蛆灵乳油200毫升/亩,拌细土10千克撒在种植沟内,也可将农药与农家肥拌匀施入。生长期发生沟金针虫,可在苗间挖小穴,将颗粒或毒土点入穴中立即覆盖,土壤干时也将48%地蛆灵乳油2 000倍,开沟或挖穴点浇。

(3)药剂拌种 用50%辛硫磷、48%乐斯本或48%天达毒死蜱、48%地蛆灵拌种,比例为药剂:水:种子=1:340:400。

(4)施用毒土 用48%地蛆灵乳油每亩200~250克,50%辛硫磷乳油每亩200~250克,加水10倍,喷于25~30千克细土上拌匀成毒土,顺垄条施,随即浅锄;用5%甲基毒死蜱颗粒剂每亩2~3千克拌细土25~30千克成毒土,或用5%甲基毒死蜱颗粒剂、5%辛硫磷颗粒剂每亩2.5~3千克处理土壤。

(5)田间管理 种植前要深耕多耙,收获后及时深翻;夏季翻耕暴晒。

二、食叶性害虫

食叶性害虫是以口器蚕食作物叶片组织的一类害虫,是大豆生长发育过程中最常见的一类害虫。

食叶害虫取食大豆叶片组织,导致叶片光合作用面积减少进而影响植株的生长发育,降低产量和品质。在黄淮地区发生的食叶性害虫主要是甜菜夜蛾、斜纹夜蛾、卷叶螟、造桥虫、豆天蛾、棉铃虫等。

(一)甜菜夜蛾(图 10 – 15)

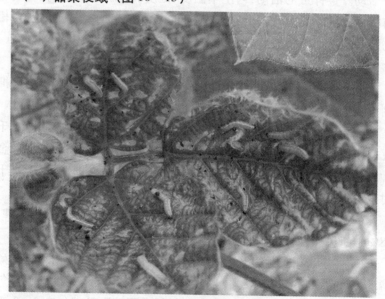

图 10 – 15　甜菜夜蛾

1. 形态特征

俗称白菜褐夜蛾,属于鳞翅目。幼虫体色变化很大,有绿色、暗绿色、黄褐色和黑褐色等。

2. 生活习性

主要危害叶片,初孵幼虫群集叶背,吐丝结网,在叶内取食叶肉,留下表皮,成透明的小孔;3龄后可将叶片吃成孔洞或缺刻,严重时可吃光叶肉,仅留叶脉,甚至剥食茎秆皮层。幼虫可成群迁移,稍受震扰吐丝落地,有假死性。3~4龄后,白天潜于植株下部或土缝,傍晚移出取食危害。老熟幼虫有强的负趋光性,白天隐匿在叶背、植株中下部,有时隐藏于松表土中及枯枝落叶中,阴雨天全天危害。老熟幼虫一般入表土3厘米处或在枯枝落叶中做土室化蛹;稀植大豆田比密植大豆田虫量大。一年发生6~8代,6~7月发生多,高温、干旱年份更多。

3. 防治方法

(1)合理轮作　避免与寄主植物轮作套种,清理田园、去除杂草落叶,均可降低虫口密度。秋季深翻可杀灭大量越冬蛹,早春铲除田间地边杂草,消灭杂草上的初龄幼虫;在虫、卵盛期,结合田间管理,提倡早晨、傍晚人工捕捉大龄幼虫,挤抹卵块,这样能有效地降低虫口密度。在夏季干旱时灌水,增大土壤的湿度,恶化甜菜夜蛾的发生环境,也可减轻其发生。

(2)物理防治　成虫始盛期,在大田设置黑光灯、高压汞灯及频振式杀虫灯诱杀成虫。各代成虫盛发期用杨柳枝诱蛾,消灭成虫,减少卵量。利用性诱剂诱杀成虫。甜菜夜蛾低龄幼虫在网内危害,很难接触药液,3龄以后抗药性增强,因此药剂防治难度大,应掌握其卵孵盛期至2龄幼虫盛期开始喷药。

(3)药剂防治　可选用1.8%阿维菌素乳油2 000~3 000倍液;20%甲氰菊酯乳油3 000倍液;2.5%高效氟氯氰菊酯乳油2 000倍液;10%氯氰菊酯乳油1 500倍液;25%辛硫磷·氰戊菊酯乳油1 500倍液,连续施用2~3次,隔5~7天1次。宜在清晨或傍晚幼虫外出取食活动时施药。注意不同作用机理的药剂轮换使用,以延缓抗药性的产生和发展。

(二)斜纹夜蛾 (图10-16)

1. 形态特征

俗称夜盗虫,属鳞翅目,成虫体长14~20毫米,翅展35~46毫米,体暗褐色,胸部背面有白色丛毛,前翅灰褐色,花纹多,内横线和

图 10 - 16　斜纹夜蛾(引自网络)

外横线白色,呈波浪状,中间有明显的白色斜阔带纹,所以称斜纹夜蛾。卵扁平呈半球状,初产黄白色,后变为暗灰色,块状黏合在一起,上覆黄褐色绒毛。幼虫体长 33 ~ 50 毫米,头部黑褐色,胸部多变,从土黄色到黑绿色都有,体表散生小白点,冬节有近似三角形的半月黑斑一对。蛹长 15 ~ 20 毫米,圆筒形,红褐色,尾部有一对短刺。

2. 生活习性

斜纹夜蛾是一类杂食性和暴食性害虫,危害寄主相当广泛。幼虫咬食叶片、花蕾、花及果实,初龄幼虫啮食叶片下表皮及叶肉,仅留上表皮呈透明斑;4 龄以后进入暴食,咬食叶片,仅留主脉。一年 4 ~ 5 代,在山东和浙江经调查都是如此。以蛹在土下 3 ~ 5 厘米处越冬。成虫白天潜伏在叶背或土缝等阴暗处,夜间出来活动。每只雌蛾能产卵 3 ~ 5 块,每块有卵 100 ~ 200 个。卵多产在叶背的叶脉分叉处,经 5 ~ 6 天就能孵出幼虫。初孵时聚集叶背,4 龄以后和成虫一样,白天躲在叶下土表处或土缝里,傍晚后爬到植株上取食叶片。成虫有强烈的趋光性和趋化性,黑光灯的诱蛾效果比普通灯的明显,另外对糖、醋、酒味很敏感。

3. 防治方法

(1) 农业防治

☞ 清除杂草,收获后翻耕晒土或灌水,以破坏或恶化其化蛹场所,有助于减少虫源。

☞ 结合管理随手摘除卵块和群集危害的初孵幼虫,以减少虫源。

(2) 物理防治

☞ 点灯诱蛾。利用成虫趋光性,于盛发期点黑光灯诱杀。

☞ 糖醋诱杀。利用成虫趋化性配糖醋(糖: 醋: 酒: 水 = 3:4:1:2)加少量敌百虫诱蛾。

☞ 柳枝蘸洒 500 倍敌百虫诱杀蛾子。

(3) 药剂防治　均匀喷施 50% 氰戊菊酯乳油 4 000 ~ 6 000 倍液或 2.5% 功夫菊酯乳油 1 000 倍液或 10.5% 甲维氟铃脲水分散粒剂 1 000 ~ 1 500 倍液,20% 虫酰肼悬浮剂 2 000 倍液。

(三) 卷叶螟 (图 10 - 17)

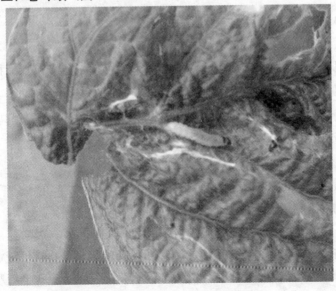

图 10 - 17　卷叶螟

1. 形态特征

卷叶螟属鳞翅目、螟蛾科。成虫黄褐色,体长 12 毫米左右,翅展 25～26 毫米,前翅黄白色,外横线略呈锯齿形灰黑色纹,内横线亦有黑色波纹,中至外缘有一暗色斑。卵椭圆形或不正形,常两粒在一起。幼虫绿色,腹部背面毛片为两排,前排 4 个,中央 2 个稍大,后排 2 个稍小。蛹褐色,长 15 毫米,腹部第五至七节背面各有 4 个突起,尾端有 4 个钩状刺。

2. 生活习性

幼虫将叶片横卷成筒状,尤以大豆开花结荚盛期危害较严重。营养器官被破坏,常引起大量落花落荚,或豆粒秕缩,品质和产量下降。大豆卷叶螟一年可能发生 2 代,生活史不整齐。成虫有趋光性。越冬代成虫(约 7 月上旬)多产卵于下部叶片,而 2 代卵多产在上部嫩叶上。幼龄幼虫不卷叶,3 龄以后才开始,4 龄以后卷叶成筒状,在卷叶内取食。幼虫有转移危害习性,受惊后迅速倒退逃逸。化蛹前常做成一新的虫苞,在内化蛹。多雨湿润的气候适于大豆卷叶螟的发生。

3. 防治方法

(1)农业防治

☞ 选用成熟早、叶形尖细、叶片茸毛较多的丰产抗虫品种。

☞ 合理轮作,间作可减轻大豆卷叶螟的危害。

☞ 大豆收获后,清除田间枯枝落叶,及时翻耕豆田,提高越冬幼虫死亡率。

(2)物理防治

☞ 幼虫卷叶后,摘除卷叶,消灭幼虫。

☞ 利用黑光灯诱杀成虫。

(3)药剂防治 在田间出现少量卷叶时进行第一次喷药,可用 50% 杀螟松 800～1 000 倍液、2.5% 功夫菊酯乳油 2 000 倍液、10% 高效氯氰菊酯乳油 3 000 倍液、20% 灭杀菊酯乳油 1 500 倍液喷雾。或每亩用 5% 氯虫苯甲酰胺 30～50 克或 1.8% 阿维菌素 30～70 克,加水 30 千克喷雾。

（四）造桥虫（图10-18）

图 10-18　造桥虫幼虫

1. 形态特征

大豆造桥虫种类较多,包括夜蛾科中部分步曲夜蛾幼虫及尺蠖蛾科幼虫两类。前者幼虫有腹足2对,后者幼虫仅有腹足1对,爬行时虫体伸曲前进,因此通称造桥虫。成虫体长 15~20 毫米,翅宽 38~45毫米,体色变异很大,有黄白、淡黄、淡褐、浅灰褐色,一般为浅灰褐色,翅上的横线和斑纹均为暗褐色,幼虫危害豆叶,食害嫩尖、花器和幼荚,可吃光叶片造成落花落荚,子粒不饱满,严重影响产量。

2. 生活习性

黄淮地区每年可发生5代。第一代幼虫发生于4月下旬至6月下旬,主要危害春季十字花科蔬菜。第二代在6月中旬至7月中旬,主要危害春大豆和部分早播夏大豆。第三代在7月下旬至8月中旬,第四代在8月中旬至9月中旬,均危害夏大豆,尤以第三代危害重。第五代在9月上旬至10月中旬,危害秋季十字花科蔬菜,并以此代幼虫在菜地枯叶上化蛹越冬。成虫多昼伏夜出,趋光性较强。成虫多在植株茂密的豆田内产卵,卵多产在豆株中上部叶背面。幼虫多在夜间危害,白天不大活动。初龄幼虫多隐蔽在叶背面食叶,幼虫3龄后主要危害上部叶片。幼虫2～3龄期为施药适期。

3. 防治方法

(1)诱杀成虫 从成虫始发期开始,用黑光灯诱杀。

(2)药剂防治 在幼虫3龄以前,百株有幼虫50头时,用5%高效氯氰菊酯乳油2 000倍液均匀喷雾。每亩也可用2.5%敌百虫粉剂或2%西维因粉剂2.5千克喷防。用Bt乳剂200倍液或含4 000单位的HD-1杀虫菌粉200倍液喷雾。必要时喷撒2.5%敌百虫粉,每亩1.5～2.5千克,也可在3龄前喷洒90%晶体敌百虫1 000倍液或50%爱卡士乳油1 000倍液。

(3)药剂熏蒸 用90%敌百虫乳油100毫升,加硫酸铵150克和干燥的沙子75克,再加硝酸铵2份与草糠1份制成燃烧剂200克,再把制成的烟雾剂放入直径15厘米、高24厘米铁桶或竹筒中,在无风的早晨或傍晚分放在麻田中点燃,只要烟雾在田间持续20～30分,小造桥虫即可落地死亡。

(五)豆天蛾 (图10-19)

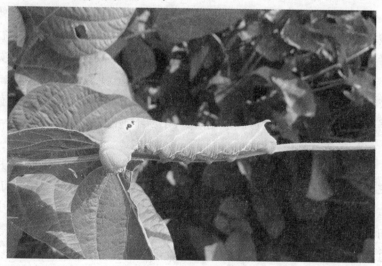

图10-19 豆天蛾幼虫

1. 形态特征

属鳞翅目害虫,成虫体长 40 ~ 45 毫米,两翅展开宽 100 ~ 120 毫米。体、翅黄褐色,头及胸部有较细的暗褐色背线,腹部背面各节后缘有棕黑色横纹。老熟幼虫体长约 90 毫米,黄绿色,体表密生黄色小突起。胸足橙褐色。腹部两侧各有 7 条向背后倾斜的黄白色条纹,臀背具尾角一个。

2. 生活习性

在黄淮地区每年发生 1 代,老熟幼虫在 9 ~ 12 厘米土层越冬。翌年春季移动至表土层化蛹。一般在 6 月中旬化蛹,7 月上旬为羽化盛期,7 月中下旬至 8 月上旬为成虫产卵盛期,7 月下旬至 8 月下旬为幼虫发生盛期,9 月上旬幼虫老熟入土越冬。成虫飞翔力很强,但趋光性不强,喜在空旷而生长茂密的豆田产卵,一般散产于第三、第四片豆叶背面,每叶 1 粒或多粒。幼虫取食大豆叶,轻则吃成网孔,严重时可将豆株吃成光秆,不能结荚。除危害大豆外,也能危害绿豆、豇豆、刺槐等。豆天蛾在化蛹和羽化期间,雨水适中,发生较重。在植株茂密,地势低洼、土壤肥沃的淤地发生较重。大豆以早熟、秆叶柔软、含蛋白和脂肪量多的品种受害较重。

3. 防治方法

(1)诱杀成虫　设黑光灯诱杀,可减少发生量。

(2)药剂防治　在幼虫 1 ~ 3 龄期间,可每亩用 5% 氯虫苯甲酰胺 30 ~ 50 克或 1.8% 阿维菌素 30 ~ 70 克,加水 30 千克喷雾。或用 40% 马拉硫磷乳油,20% 杀灭菊酯乳油或 2.5% 溴氰菊酯乳油 2 000 倍液,每亩用药液 40 千克喷雾。90% 晶体敌百虫 700 ~ 1 000 倍液,每亩用药液 75 千克。用 Bt 制剂(含活孢子 100 亿个/克)稀释 800 倍喷雾。

(六)棉铃虫（图 10 - 20）

由于近年来黄淮地区抗虫棉面积日益扩大,农药使用量减少,棉铃虫对大豆的危害有加重趋势。

1. 形态特征

成虫(即蛾子)体长 14 ~ 18 毫米,翅宽 30 ~ 38 毫米,灰褐色。幼

图 10 - 20 棉铃虫

虫体长 30 ~ 42 毫米,体色变化很大,由淡绿、淡红至红褐乃至黑紫色,常见为绿色型及红褐色型。幼虫取食嫩叶成锯齿状或孔洞。

2. 生活习性

黄河流域一年可发生 4 代,蛹在土中越冬。黄河流域越冬成虫于 4 月下旬始见,第一代幼虫主要危害小麦,第二、第三、第四代幼虫是豆田的主要害虫。成虫于夜间交配产卵,每个雌虫平均产卵 1 000粒,4 天即可孵化成幼虫。初孵幼虫先食卵壳,第二天开始危害生长点和取食嫩叶。老熟幼虫在 3 ~ 9 厘米表土层筑土室化蛹,土室具有保护作用,羽化时成虫沿原道爬出土面后展翅,冬耕冬灌破坏土室,影响羽化率。

3. 防治方法

(1)早期测报 5 月在麦田周围设置黑光灯和杨树枝把,诱导上代成虫。查到田间当代卵的时间和数量,预测出当代幼虫发生期和发生量,指导生产上防治。

(2)降低虫源基数 采用杨树枝把诱蛾或在豆田中种植 100 ~200 株玉米或高粱等作物诱蛾前来产卵,集中杀灭,千方百计减少豆株着卵量。大豆幼苗期及时中耕,消灭部分一代蛹,压低虫源基数。

(3)生物防治 在二代棉铃虫的初孵盛期,每亩释放赤眼蜂 1.5 万~2 万头,卵寄生率在 70% 以上,也可喷洒 Bt 乳剂 400 毫升,每 3 天 1 次。

(4)安置高压求灯 每亩安 300W 高压汞灯 1 只,灯下用大容器 盛水,水面撒柴油,效果比黑光灯高几倍。

(5)化学防治 关键是要抓住卵孵化盛期至 2 龄盛期,一般在大 豆开花期观察叶片受害症状,如果叶片损失在 30% 以上即可防治。 喷洒 10.8% 凯撒乳油,每亩 10~15 毫升或 42% 特力克乳油 80 毫升 等。尽量不用或少用菊酯类农药,防止伏蚜猖獗起来。防治第四代 棉铃虫还可选用 1.8% 阿维菌素 4 000~5 000 倍液或 30% 灭铃威乳 油 1 500 倍液、40% 灭抗铃乳油 1 000 倍液、10% 吡虫啉可湿性粉剂 1 500 倍液。

三、刺吸式害虫

刺吸式害虫是指以刺吸式或锉吸式口器危害农作物的一类害 虫。大豆刺吸式害虫常见的有大豆红蜘蛛、蚜虫、烟粉虱、点蜂缘蝽等。

刺吸式害虫多为多食性,寄主植物广泛,成虫和若虫均能刺吸寄 主植物汁液,造成植株心叶卷曲,落花、落蕾,荚果不实或秕荚,严重 时全株枯死,颗粒无收。受害症状主要表现为叶片褪绿发黄或变红, 植株矮小,营养不良,这类害虫通常点片发生,虫口密集,繁殖迅速, 可通过各种途径传播蔓延。除了刺吸植物直接危害,多数种类还能 传播植物病毒病,造成更加严重的间接危害。

(一)大豆红蜘蛛 (图 10-21)

1.形态特征

红蜘蛛是大豆叶螨类的总称。成虫体长 0.3~0.5 毫米,红褐 色,有 4 对足。雌螨体长 0.5 毫米,卵圆形或梨形,前端稍宽隆起,尾 部稍尖,体背刚毛细长,体背两侧各有 1 块黑色长斑;越冬雌虫朱红

图 10 - 21 红蜘蛛(引自网络)

色有光泽。雄虫体长 0.3 毫米,紫红至浅黄色,纺锤形或梨形。卵直径 0.13 毫米,圆球形,初产时无色透明,逐渐变为黄带红色。幼螨足3 对,体圆形,黄白色,取食后卵圆形、浅绿色,体背两侧出现深绿长斑。若螨足 4 对,淡绿至浅橙黄色,体背出现刚毛。

2. 生活习性

大豆红蜘蛛以受精的雌成虫在土缝、杂草根部、大豆植株残体上越冬。翌年 4 月中下旬开始活动,先在小蓟、小旋花、蒲公英、车前等杂草上繁殖危害,6~7 月转到大豆上危害,7 月中下旬到 8 月初随着气温增高繁殖加快,迅速蔓延;8 月中旬后逐渐减少,到 9 月随着气温下降,开始转移到越冬场所,10 月开始越冬。

大豆红蜘蛛在东北地区 1 年发生 8~12 代。发育的起点温度为10.5℃,上限温度为 42℃,完成一代的有效积温 163.25℃。自卵到成虫发育所需时间,在空气相对湿度 35%~55%、平均温度 22~28℃时发育历期最短,只需 10~13 天。因此持续干旱时间长达 14天以上时繁殖速度最快,危害最重。在空气相对湿度超过 70% 以上时不利于红蜘蛛的发生,低温、多雨、大风天气对红蜘蛛的繁殖不利。

大豆红蜘蛛在大豆整个生育期均可发生,初为点片发生,以成螨和若螨群集于叶背面结丝成网,刺吸叶汁。大豆叶片受害初期叶正面出现黄白色斑点,3～5 天后斑点扩大加密,叶片出现红褐色斑,局部甚至全部卷缩,枯焦变黄或红褐色,落叶甚至呈光秆,严重时整株死亡。施氮肥多的地块发生重。食物缺乏时,有迁移的习性,7～8 月为危害高峰,杂草多或植株稀疏长势差的地块发生较重。

3. 防治方法

(1)农业防治　施足底肥,增加磷、钾肥,后期不脱肥,及时除净杂草,干旱及时灌水,有条件的进行水旱轮作,能减轻发病。

(2)化学防治　点片发生、大豆卷叶株率 10% 时应立即用药防治,可结合防治蚜虫选用 73% 灭螨净 3 000 倍液或 40% 二氯杀螨醇 1 000 倍液或 25% 克螨特乳油 3 000 倍液或 20% 扫螨净、螨克乳油 2 000 倍液等喷雾,连喷 2～3 次。干旱条件下增加喷液量 1% 植物型喷雾助剂药笑宝、信得宝等。

(3)生物药剂防治　有机大豆可选用 1.8% 阿维菌素乳油、0.3% 印楝素乳油 1 500～2 000 倍液,或 10% 浏阳霉素乳油 1 000～1 500 倍液、2.5% 华光霉素 400～600 倍液、仿生农药 1.8% 农克螨乳油 2 000 倍液喷雾,在干旱条件下增加喷液量 1% 植物型喷雾助剂药笑宝、信得宝等。

(二)蚜虫　(图 10－22)

1. 形态特征

别名腻虫,属半翅目,蚜科。吸食大豆嫩枝叶的汁液,造成大豆茎叶卷缩,根系发育不良,分枝结荚减少。此外,还可传播病毒病。

有翅孤雌蚜体长 1.2～1.6 毫米,长椭圆形,头、胸黑色,额瘤不明显,触角长 1.1 毫米;腹部圆筒状,基部宽,黄绿色,腹管基半部灰色,端半部黑色,尾片圆锥形,具长毛 7～10 根,臀板末端钝圆,多毛。无翅孤雌蚜体长 1.3～1.6 毫米,长椭圆形,黄色至黄绿色,腹部第一、第七节有锥状钝圆形突起;额瘤不明显,触角短于躯体,第四节、第五节末端及第六节黑色,第六节鞭部为基部长的 3～4 倍,尾片圆

图 10 - 22 蚜虫

锥状,具长毛 7 ~ 10 根,臀板具细毛。

2. 生活习性

蚜虫以卵在枝条的芽侧或缝隙里越冬,5 月中下旬迁入大豆田危害幼苗,大豆开花盛期正是危害高峰期,也是造成大豆减产的主要时期。

3. 防治方法

(1)农业防治 及时铲除田边、沟边、塘边杂草,减少虫源。

(2)生物防治 用 20% 虫霉水乳剂 100 倍液防治大豆蚜,防治效果可达 100%。利用瓢虫、草蛉、食蚜蝇、小花蝽、烟蚜茧蜂、菜蚜茧蜂、蚜小蜂、蚜毒菌等控制蚜虫。

(3)化学防治 用大豆种衣剂拌种,一般药种比例为 1∶75,可预防大豆苗期蚜虫。蚜虫发生量大,农业防治和天敌不能控制时,要在苗期或蚜虫盛发前防治。当有蚜株率达 10% 或平均每株有虫 3 ~ 5 头时,即应防治。可选用 5% 吡虫啉乳油 1 000 ~ 1 500 倍液、40% 克蚜星乳油 800 倍液、50% 抗蚜威(辟蚜雾)可湿性粉剂 1 500 倍液、

5%增效抗蚜威液剂 2 000 倍液、2.5%天王星乳油 3 000 倍液。抗蚜威有利于保护天敌,但由于蚜虫易产生抗药性,应注意轮换使用。也可用 40%乐果乳油 800 倍,40%氧化乐果乳油 1 000 倍,或 2.5%敌杀死乳油,5%来福灵乳油,10%溴氰菊酯乳油每亩 15～20 毫升,对水 40～50 千克喷雾。

(三)烟粉虱(图 10－23)

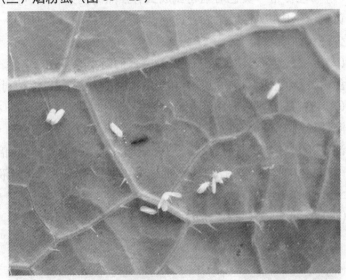

图 10－23　烟粉虱成虫

烟粉虱属于外来入侵生物,检疫对象,大发生时可造成严重减产。近年来,在黄淮地区大豆上发生普遍。

1. 形态特征

成虫体长 1 毫米,白色,翅透明具白色细小粉状物。蛹长 0.55～0.77 毫米,宽 0.36～0.53 毫米。背刚毛较少,4 对,背蜡孔少。头部边缘圆形,且较深弯。

2. 生活习性

黄淮地区每年生 10～12 个重叠世代,几乎月月出现一次种群高峰,每代 15～40 天,夏季卵期 3 天,冬季 33 天。若虫 3 龄,9～84 天,伪蛹 2～8 天。成虫产卵期 2～18 天,每雌产卵 120 粒左右,卵多产在植株中部嫩叶上。成虫喜欢无风温暖天气,有趋黄性,气温低于12℃停止发育,14.5℃开始产卵,气温21～33℃时,随气温升高,产卵量增加,高于40℃成虫死亡。相对湿度低于60%成虫停止产卵或死去。暴风雨能抑制其大发生,非灌溉区或浇水次数少的作物受害重。

3. 防治方法

(1)物理防治 黄色对烟粉虱成虫有强烈的诱集作用,可在田间设置黄板诱杀成虫(将板涂成橙黄色,再涂一层粘油,可使用10号机油加少许黄油调匀)。

(2)生物防治 其"天敌"有恩蚜小蜂、丽蚜小蜂、瓢虫、草蛉、花蝽及捕食螨类等,它们对烟粉虱具有相当的抑制能力,应加以保护利用。

(3)药剂防治 早期用药在粉虱零星发生时开始喷洒20%扑虱灵可湿性粉剂1 500倍液或25%灭螨猛乳油1 000倍液、2.5%天王星乳油3 000～4 000倍液、2.5%功夫菊酯乳油2 000～3 000倍液、20%灭扫利乳油2 000倍液、10%吡虫啉可湿性粉剂1 500倍液,隔10天左右1次,连续防治2～3次。

(四)点蜂缘蝽 (图10-24)

图10-24 点蜂缘蝽

属半翅目,缘蝽科。

1. 形态特征

成虫体长 15～17 毫米,宽3.6～4.5 毫米,狭长,黄褐至黑褐色,被白色细绒毛。头在复眼前部成三角形,后部细缩如颈。触角第一节长于第二节,第一节、第二节、第三节端部稍膨大,基半部色淡,第四节基部距1/4 处色淡。喙伸达中足基节间。头、胸部两侧的黄色光滑斑纹成点斑状或消失。前胸背板及胸侧板具许多不规则的黑色颗粒,前胸背板前叶向前倾斜,前缘具领片,后缘有 2 个弯曲,侧角成刺状。小盾片三角形。前翅膜片淡棕褐色,稍长于腹末。腹部侧接缘稍外露,黄黑相间。足与体同色,胫节中段色淡,后足腿节粗大,有黄斑,腹面具 4 个较长的刺和几个小齿,基部内侧无突起,后足胫节向背面弯曲。腹下散生许多不规则的小黑点。

2. 发生规律

一年 3 代,以成虫在枯枝落叶和草丛中越冬。翌年 3 月下旬开始活动,4 月下旬至 6 月上旬产卵。第一代若虫于 5 月上旬至 6 月中旬孵化,6 月上旬至 7 月上旬羽化为成虫,6 月中旬至 8 月中旬产卵。第二代若虫于 6 月中旬末至 8 月下旬孵化,7 月中旬至 9 月中旬羽化为成虫,8 月上旬至 10 月下旬产卵。第三代若虫于 8 月上旬末至 11 月初孵化,9 月上旬至 11 月中旬羽化为成虫,并于 10 月下旬以后陆续越冬。卵多散产于叶背、嫩茎和叶柄上,少数 2 枚在一起,每雌产卵21～49 枚。成虫和若虫极活跃,早、晚温度低时稍迟钝。

3. 防治方法

(1)农业防治 作物收获后及时清除田间枯枝落叶和杂草,并带出田外烧毁,消灭部分越冬成虫。

(2)药剂防治 在大豆植株现蕾、开花和初荚期,可使用3% 吡虫清乳油 1 500 倍液,10% 吡虫啉可湿性粉剂 4 000 倍液,20% 氰戊菊酯(速灭杀丁)乳油 2 000 倍液在成虫、若虫危害期喷雾防治,隔7 天喷 1 次,连喷 2 次。

四、钻蛀性害虫

钻蛀性害虫是具有钻蛀寄主植物茎秆、叶片和果实内取食危害习性的一类害虫。目前危害严重的有食心虫、豆荚螟、豆秆黑潜蝇和大豆高隆象等。

(一) 食心虫 (图 10 - 25)

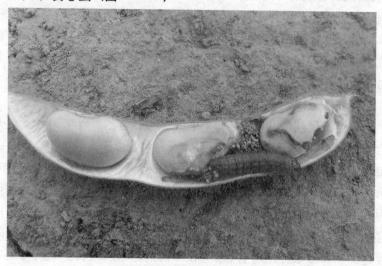

图 10 - 25　食心虫幼虫

1. 形态特征

大豆食心虫是鳞翅目,小卷叶蛾科的一种蛀食害虫。成虫为暗灰色小蛾子,体长 5～6 毫米,两翅展开宽 12～14 毫米,胸部覆盖灰黄色鳞片。前翅外沿有 10 条左右黑紫色短斜线。幼虫刚刚孵化时淡黄色,头部黑褐色,钻进豆荚后脱皮变为乳白色,老熟幼虫为橘红色,头部黄褐色,体长 8～9 毫米。

2. 生活习性

全国大豆产区都有发生。每年发生一代,8 月下旬卵孵化成幼虫蛀入豆荚内食害豆粒,常年虫食率为 10%～20%,严重时可达

30%～40%,同时影响大豆品质,降低等级。9月下旬咬破豆荚皮脱入土中,作茧入冬。翌年7月下旬到8月上旬化蛹,8月中旬为成虫盛发期。成虫有趋光性。卵产于豆荚上,幼嫩绿荚上产卵较多,每一荚上产1粒卵占多数。初孵幼虫在豆荚上爬几小时后,先吐丝结成细长薄白丝网,在其中咬食荚皮穿孔进入荚内。幼虫咬食豆粒并不完全吃光,只吃成缺刻状。大豆成熟时,幼虫逐渐脱荚入土作茧越冬。

3. 防治方法

(1)选用抗虫品种　选用抗虫和耐虫品种是防治大豆食心虫最经济的方法,但是抗虫品种有一定的地区性,必须因地制宜选用虫食率低、丰产性好的品种。

(2)合理轮作　轮作比连作能降低虫食率,有条件种大豆的地块,要选择离上年豆茬地至少1 000米以上,尽量避免重茬、迎茬。田间管理可采取增加中耕除草次数,特别是在化蛹和羽化期增加铲趟,可减少成虫羽化量,有条件的地块可实行水、旱田轮作。

(3)适时翻耕　大豆收获后,及时清理田间落荚和枯叶,抓紧时间进行秋翻整地,破坏大豆食心虫越冬场所,将钻入土中的大豆食心虫翻到表土上,通过机械伤害、日晒、风吹、雨淋、天敌等,使大豆食心虫死亡率增加。大豆收割后进行秋翻秋耙,能破坏幼虫越冬场所。

(4)药剂防治　大豆食心虫成虫和幼虫可喷药防治,可在成虫高峰期后的6天内进行,成虫盛期开始2～3天即达到成虫高峰期。可用25%敌杀死乳油每亩用20毫升或50%来福灵乳油每亩用20毫升对水喷雾或用50%杀螟松乳油亩用35毫升,对水稀释1 000倍喷雾。在大豆开花盛期,卵孵化高峰期,每亩用5%氯虫苯甲酰胺30～50克或1.8%阿维菌素30～70克,加水30千克喷雾,能有效防治豆荚被害,兼治蚜虫。

(5)用白僵菌防虫　在9月上旬左右,大豆食心虫老熟幼虫入土前,每亩用白僵菌粉1千克加细土或草木灰10千克,搅拌均匀配成药土,撒在豆田垄台上和垄沟内。脱荚落地要入土的老熟幼虫,接触到白僵菌孢子后,在遇到适宜的温度和湿度时,便发病死亡,达到灭虫作用。

(二) 豆荚螟 (图 10 - 26)

图 10 - 26 豆荚螟(引自网络)

1. 形态特征

大豆豆荚螟是鳞翅目、螟蛾科的一种害虫,分布全国各大豆产区。以幼虫在豆荚内蛀食豆粒,虫荚率一般为 30%,重的可达 90%。被害子粒轻则蛀成缺刻;重则蛀空。被害子粒内充满虫粪,发褐以致霉烂,不仅严重影响大豆的产量和质量,也是豆科绿肥的大敌。成虫体长 10 ~ 12 毫米,两翅展开宽 20 ~ 24 毫米,灰褐色,前翅狭长,紫褐色间有黄褐色鳞片。幼虫共 5 龄,初为黄白色,以后逐渐变为紫红色。

成虫产卵于花蕾和嫩荚上,幼虫多在上午 6 ~ 9 时孵化,在豆荚上爬行 15 ~ 30 分后,开始吐出一种白色的丝状物裹住虫体,然后在豆荚上蛀孔,钻进豆荚,在荚内蛀食危害。3 龄后开始转荚危害。

2. 生活习性

豆荚螟每年发生代数随地区和当地气候变化而异,黄淮地区发生 4 ~ 5 代。以老熟幼虫在寄主植物附近土表下 5 ~ 6 厘米深处结茧越冬。成虫白天多躲在豆株叶背、茎上或杂草上,傍晚开始活动,趋光性不强,羽化后当天即能交尾,隔天产卵。一般一荚1粒卵,幼虫先在植株上部危害,渐至下部。幼虫老熟后,咬破荚壳,入土作茧化蛹。对黄淮夏大豆危害较重的是第三代或第四代,即8月上中旬至9月上中旬。

3. 防治方法

(1)合理轮作、间作 避免大豆与紫云英、苕子等豆科植物连作或邻作,采用大豆与水稻等作物轮作,或玉米与大豆间作。

(2)灌溉灭虫 夏大豆开花结荚期,灌溉1~2次,可增加入土幼虫死亡率,且能增产。

(3)药剂防治 在成虫盛发期或卵孵化盛期前喷药于豆荚上,毒杀成虫及幼虫。可用90%敌百虫700~1 000倍液;2.5%高效氯氟氰菊酯乳油1 000倍液或2.5%溴氰菊酯乳油1 000~2 000倍液;50%杀螟松1 000倍液。老熟幼虫入土前,田间湿度高时,可施白僵菌粉剂或残效期长的药剂于地表,毒杀入土的幼虫。

(三)豆秆黑潜蝇(图10-27)

1. 形态特征

豆秆黑潜蝇属双翅目、潜蝇科。成虫体长1.8~2.2毫米,黑色,有蓝绿色光泽。卵椭圆形,乳白色透明。幼虫体长3毫米,圆筒形,尾部较细,乳白色。

2. 生活习性

广泛分布于我国黄淮、南方等大豆产区。幼虫在大豆的主茎、侧枝和叶柄内蛀食,在茎内形成弯弯曲曲的隧道。受害植株叶片发黄、株形矮小,严重时造成大量枯心苗。成株期受害豆荚显著减少,秕荚、秕粒增多,一般减产30%左右。由于害虫体形较小,活动隐蔽,易于忽视。豆秆黑潜蝇各地发生代数不一,黄淮流域大豆产区一年4~5代。6月上旬末开始羽化,下中旬为羽化盛期。1代幼虫主要危害春大豆,2代、3代幼虫相继危害春豆和夏豆,4代、5代主要危害晚播大豆、赤豆、豇豆。成虫对糖醋酒液的趋性很弱。产卵于大豆上部叶背表皮下,以靠近叶脉处较多,卵散产,每处1粒,卵孵化率很高。

图 10 - 27　豆秆黑潜蝇

幼虫孵化后先在叶背面向附近叶脉潜食(但潜道极细,不明显),自支脉蛀入,经主脉而蛀入叶柄,再潜入侧枝或主茎髓部和木质部,严重影响水分和养分的运输。老熟幼虫在茎秆或叶柄上咬出羽化孔,并在孔的上方进行化蛹,羽化孔可断绝输导组织而使植株折断或枯死。豆秆黑潜蝇一般以蛹的形式在豆根茬或秸秆中过冬。6~7 月降雨较多,有利于豆秆黑潜蝇的发生。

3.防治方法

(1)农业防治　采取豆田深翻、增施基肥、提早播种、适期间苗、轮作换茬等措施。

(2)药剂防治　应重视对成虫的防治,兼治幼虫。采用超低容量喷雾方法,用40%乐果,50%杀螟松,50%马拉硫磷或50%~70%辛硫磷,每亩 50~70 毫升,稀释 1 000 倍叶面常规喷雾。或用5%阿维菌素 5 000 倍液喷雾。

第十一章

大豆田间杂草

本章导读：本章讲述了大豆田间不同类型杂草的基本生长规律和防治措施，重点是除草剂的使用。

根据大豆田间杂草来源于野生植物的观点,许多野生植物都可以进入大豆田成为杂草。然而只有那些能够产生大量种子,或者能够用根茎、根蘖等营养器官进行繁殖,且有极强的繁殖能力和传播能力,生命力极强,对大豆田生态环境完全适应的植物种类才能在大豆田中生存和繁衍,并作为大豆田植被中相对稳定的成分,伴随大豆长期存在。一些新开垦的大豆田,其中可能保留许多原生植被种类,但随着种植年限的增加,一些不适应大豆田环境的杂草逐渐消退,最后只剩下少数完全适应大豆田环境的种类,尽管年年防除,依然能够顽强生存繁衍下去,我们一般只把这些植物归类为大豆田常发性杂草。

发生在大豆田的杂草按其形态学特点以及防除等有关的生物学特性可分为禾本科杂草、一年生阔叶杂草、多年生阔叶杂草、莎草科杂草4类。

第一节

禾本科杂草

一、禾本科杂草的种类及生长特点

禾本科杂草是大豆田的主要杂草,分一年生和多年生。这类杂草种子的胚有一个子叶(种子叶),通常叶片窄、长、叶脉平行,无叶柄,叶鞘开张,有叶舌,茎圆或扁平,有节,节间中空。常见的禾本科杂草有以下几种:

（一）稗草（图 11 - 1）

一年生草本,和稻子外形极为相似。在较干旱的土地上,茎分散贴地生长。平均气温 12℃ 以上即能发芽,最适发芽温度为 25 ~ 35℃,10℃ 以下、45℃ 以上不能发芽。土壤湿润,无水层时,发芽率最高;土深 8 厘米以上的稗草种子不发芽,但可进行二次休眠;在旱作土层中出苗深度为 0 ~ 9 厘米, 0 ~ 3 厘米出苗率较高。4 月下旬开始出苗,生长到 8 月中旬,一般在 7 月上旬开始抽穗开花,生育期 76 ~ 130 天。

图 11 - 1　稗草

（二）马唐（图 11 - 2）

图 11 - 2　马唐

一年生草本,在低于 20℃ 时,发芽慢,25 ~ 40℃ 发芽最快,种子萌发最适土壤相对湿度 63% ~ 92%,最适深度 1 ~ 5 厘米。喜湿喜光,潮湿多肥的地块生长茂盛,4月下旬至6月下旬发生量大,7~9月抽穗、开花,8~10月结子,种子边成熟边脱落,生活力强。成熟种子有休眠习性。生育期约150天。分蘖力较强,一株生长良好的植株可以分生出8~18个茎枝,个别可达32枝之多。

(三)牛筋草(图11-3)

图11-3 牛筋草

一年生草本,生长时需要的光照比较强,温度一般在22~25℃,pH在6.8~7.2时,生长最为旺盛,极难铲除。

(四)千金子(图11-4)

一年生草本,高30~90厘米。种子发芽时,需要水分充足,但在长期淹水条件下不能发芽;发芽时需要温度较高,因此发生偏晚。5~6月初出苗,6月中下旬出现高峰;8~11月陆续开花、结果与成熟。随后颖果自穗轴上脱落,或直接入土,或借水流、风力传播,或混杂于收获物中扩散。种子经越冬休眠后萌发。千金子的分蘖力强,而且中后期生长较快,是大豆田的

图11-4 千金子(引自网络)

恶性杂草。

（五）狗尾草（图11-5）

图11-5　狗尾草

一年生草本,种子发芽适宜温度为15~30℃。种子出土适宜深度为2~5厘米,土壤深层未发芽的种子可存活10年以上。4~5月出苗,以后随浇水或降雨还会出现出苗高峰;6~9月为花果期。一株可结数千至上万粒种子。种子借风、灌溉浇水及收获物进行传播。

（六）野燕麦（图11-6）

图11-6　野燕麦(引自网络)

一年生草本。种子发芽适温为 10～20℃ ,当温度高于 25℃ 时,发芽率显著下降,在土层中出苗深度为 0～20 厘米,最深达 30 厘米。野燕麦的分蘖节一般都在地表下 1～5 厘米。6 月上旬出苗,6 月中下旬达到出苗高峰,出苗可持续 20～30 天,8 月下旬开始抽穗开花,9 月中下旬种子成熟或脱落。成熟种子经 90～150 天休眠后才萌发。

(七)狗牙根(图 11－7)

图 11－7　狗牙根

多年生草本植物,具有根状茎和匍匐枝,须根细而坚韧。喜温暖湿润气候,耐阴性和耐寒性较差,生长温度为 20～32℃ ,在 6～9℃ 时几乎停止生长。营养繁殖能力强大,具很强的生命力。在旺长季节里,茎日生长平均速度达 0.91 厘米,高的达 1.4 厘米;匍匐茎的节向下生不定根,节上腋芽向上发育成地上枝,茎部形成分蘖节,节上分生侧枝(平均 4 个),分蘖节上产生新的走茎,走茎的节上又分生侧枝与新的走茎;新老青鱼匍匐茎在地面上互相穿插,交织成网,短时间内即成坪,形成占绝对优势的杂草群落。

(八) 白茅 (图 11 – 8)

图 11 – 8 白茅(引自网络)

多年生草本植物,适应性强,耐阴、耐瘠薄和干旱,喜湿润疏松土壤,在适宜的条件下,根状茎可长达 3 米以上,能穿透树根,断节再生能力强。花果期 7~9 月。

二、禾本科杂草的防治

禾本科杂草种子子粒较大的在土壤中发芽深度可达 5 厘米以上,土表处理除草剂难以防除,如牛筋草、白茅等;种子粒较小的,土中发芽深度仅为 1~2 厘米,用土表处理除草剂防除效果好,如稗草、狗尾草等。

1. 合理轮作和耕作

采用水旱等轮作措施,可以改变大豆田杂草的伴生作物和环境条件,有效降低杂草的繁殖发展,从而减轻杂草对作物的危害程度;正确合理的土壤耕作,可以阻断多年生杂草的地下根茎,也可以把土壤上层的杂草翻压到底层,从而减少杂草的发生。

2.封闭除草

在大豆播后苗前使用。90%乙草胺乳油 120～150 毫升/亩或72%异丙甲草胺乳油 150～200 毫升/亩,对水 15～20 千克/亩喷雾土表。土壤有机质含量低、沙质土、低洼地、水分足的土地用药量可适当减少,反之增多。土壤干旱条件下施药要加大用水量。

3.苗期除草

在大豆 2～4 片叶,杂草幼苗期(一般株高 5 厘米左右)时使用。10%精喹禾灵乳油 30～40 毫升/亩、10.5%高效盖草能乳油 40 毫升/亩、12.5%烯禾啶乳油 100 毫升/亩,对水 10～15 千克/亩均匀喷雾。施药草情大、墒情差时应加大用药量。

4.定期锄草

在有条件的情况下,在早期对大豆进行田间锄苗,锄苗不仅能有效锄去杂草,而且可以松土保墒,促进大豆生长。

第二节

一年生阔叶杂草

一、一年生阔叶杂草的种类及生长特点

一年生阔叶杂草常与禾本科杂草混生,发生密度虽然不如禾本科杂草大,但由于植株繁茂,对大豆的危害也是很严重的。这类野草又称双子叶杂草,胚有两片子叶,叶脉网状,叶片宽,有叶柄。常见的

一年生阔叶杂草有以下几种：

（一）菟丝子（图11-9）

图11-9　菟丝子(引自网络)

一年生寄生草本。茎缠绕,黄色,纤细,直径约1毫米,多分枝,随处可生出寄生根伸入大豆体内,使其严重减产。花期7~9月,果期8~10月。种子成熟后落入土中经休眠越冬,陆续发芽,遇寄主后缠绕危害。

（二）藜（图11-10）

图11-10　藜

一年生草本,高30~150厘米,种子繁殖。一般每年4月出苗,7月下旬出苗结束。每年5月中下旬是出苗高峰。花期8~9月,果期9~10月。

(三)铁苋菜(图11-11)

大戟科一年生草本,高20~50厘米,喜欢湿润环境,怕干旱。对土壤要求不严格,以偏碱性土壤更适。花期5~7月,果期7~11月。

(四)鳢肠(图11-12)

图11-11 铁苋菜   图11-12 鳢肠(引自网络)

菊科一年生草本植物。直立,具匍匐茎。鳢肠喜生于湿润之处,耐阴性强,能在阴湿地上良好生长。不耐干旱,在稍干旱之地,植株矮小,生长不良。5~6月发芽、出苗,7~10月开花,开花20~30天后种子成熟。

(五)苍耳(图11-13)

一年生草本,高30~60厘米。喜温暖稍湿润气候,耐干旱瘠薄土壤。4月下旬发芽,5~6月出苗,7~9月开花,9~10月成熟。种子易混入农作物种子中。根系发达,入土较深,不易清除和拔出。

图 11 – 13 苍耳

（六）马齿苋（图 11 – 14）

图 11 – 14 马齿苋

一年生草本，全株无毛。茎平卧或斜倚，伏地铺散，多分枝，适应性非常强，耐热、耐旱，无论强光、弱光都可正常生长，比较适宜在温暖、湿润、肥沃的壤土或沙壤土中生长。马齿苋既可利用种子繁殖，又可利用茎繁殖，极难根除。

（七）苘麻（图11-15）

图 11-15　苘麻

锦葵科苘麻属,一年生亚灌木状草本,高0.3～2米。苘麻叶片与大豆叶片极为相似,所以前期很难防治。后期生长迅速,很快超过大豆,影响其生长。花期7～10月,果期10～11月。

（八）龙葵（图11-16）

图 11-16　龙葵(引自网络)

茄科茄属,一年生阔叶草本植物,植株繁茂多枝,覆盖面积大,不但能造成大豆产量损失,而且会严重影响大豆的质量。龙葵喜温暖,不耐霜冻,但对低温忍受性颇强。根系十分发达,须根特多,耐旱性强。对光照条件要求不严,阴湿环境条件下生长仍较好。对土壤适应性广,微酸性或微碱性均宜,但中性土壤最优。花果期9～10月。

(九)狼把草(图11-17)

图11-17　狼把草(引自网络)

菊科一年生草本,喜酸性至中性土壤,也能耐盐碱。5～6月出苗,一周左右即开始抽茎,7～8月开花,8～9月结实并成熟。其种子繁殖能力较强,可通过风力、水流、人畜等途径传播。

(十)野苋菜(图11-18)

苋科一年生草本,高约50厘米,条件适宜能长100厘米以上。叶子为互生,茎直立,一年到头都会开花。因其外部形态与大豆极为相似,所以在锄草时经常漏锄。

图11-18　野苋菜

（十一）马泡瓜（图11－19）

图11－19　马泡瓜

也称马宝蛋、小香瓜，葫芦科，一年生草本，匍匐或攀缘茎。6～7月或随大豆同时出苗，8～9月开花结实，果实成熟时有甜瓜香味。缠绕于大豆植株，影响大豆正常生长发育，造成减产。因其种子量大，故极难根除。

二、一年生阔叶杂草的防治

一年生阔叶杂草是种子繁殖，在土壤中的发芽深度为0～5厘米；除草剂防除时，浅层土中的发芽杂草可有效地防除，如藜、苋、荠、野西瓜苗等；对深土层中发芽的杂草，由于种子在药层以下，应用土表处理除草剂难以防除，如苍耳、鸭跖草、苘麻等。

1. 合理轮作和耕作

由于阔叶杂草与大豆对除草剂的选择较为相似，所以可采用尖叶作物如玉米、谷子等与大豆进行轮作，可有效减少田间阔叶杂草的数量。

2. 封闭除草剂

在大豆播后苗前使用。90% 乙草胺乳油 120～150 毫升/亩或 72% 异丙甲草胺乳油 150～200 毫升/亩＋15% 噻吩磺隆 10～15 毫升/亩,对水 15～20 千克/亩喷雾土表。土壤有机质含量低、沙质土、低洼地、水分足的土地用药量可适当减少,反之增多。土壤干旱条件下,施药要加大用水量。

3. 苗期除草

在杂草幼苗期,一般在株高 5 厘米左右,大豆 3～4 片叶时进行除草。用 48% 苯达松水剂 130～150 毫升/亩或用 21.4% 三氟羧草醚 10～15 毫升/亩或用 25% 氟磺胺草醚水剂 20～25 毫升/亩,对水 10～15 千克/亩喷雾。

4. 定期锄草

在大豆苗期使用选择性除草剂时,很多阔叶杂草不易被清除,所以在大豆幼苗期需多次进行人工锄草,防止阔叶杂草大规模发生。

第三节

多年生阔叶杂草

一、多年生阔叶杂草的种类及生长特点

多年生阔叶杂草需要度过两个完整的夏季才能完成它的生长发育周期。种子繁殖,一般在夏季、秋季发芽,以幼苗或根越冬,翌年夏秋开花结实,但也有春天发芽,当年开花结实,整个生命周期跨越两个年度,如黄花蒿、益母蒿等。但也有春天发芽,当年开花、结实,表现为一年生的习性,如荠菜、看麦娘等。常见的多年生阔叶杂草有以下几种:

（一）刺儿菜（图 11－20）

图 11－20 刺儿菜

也称小蓟,多年生草本,地下部分常大于地上部分,有长根茎。刺儿菜为中生植物,适应性很强,任何气候条件下均能生长。

（二）大蓟（图 11－21）

图 11－21 大蓟(引自网络)

多年生草本,块根纺锤状或萝卜状,直径达7毫米。适应性较强,喜温暖湿润气候,耐寒,耐旱。花期5~8月,果期6~8月。

(三)打碗花(图11-22)

图11-22 打碗花

多年生草质藤本。主根较粗长,横走;茎细弱,长0.5~2米,经常攀缘于大豆主茎上,与之抢光、抢水、抢肥。4~5月出苗,花期7~9月,果期8~10月。

(四)问荆(图11-23)

图11-23 问荆(引自网络)

多年生草本植物,分地上茎和地下茎,地上茎每年枯死,地下茎根状茎横生地下,黑褐色,可多年生。问荆可通过地下茎进行无性繁殖,也可以通过孢子叶球或钝形的锥状体产生的孢子萌发进行无性繁殖。问荆一般每年5月、6月地上茎开始发芽,6~8月生长最快,7月达到顶峰,极难防治。

二、多年生阔叶杂草的防治

1. 合理轮作和耕作

由于多年生阔叶杂草多以根茎过冬,所以在大豆种植前与收获后应对田间采取深耕、细切、多耙的耕作方式,对多年生阔叶杂草的根茎进行物理清除,可有效防除其对大豆田的危害。

2. 封闭除草剂

在大豆播后苗前使用。33%二甲戊乐灵乳油150~200克对水40~60千克/亩喷雾土表。

3. 苗期除草

在大豆3叶、杂草2~4叶后使用15%精喹禾灵乳油20克对水15~20千克/亩喷雾。

4. 定期锄草

定期锄草可有效弥补大豆田除草剂对多年生阔叶杂草防治不力的情况,减少其危害。

第四节

莎草科杂草

一、莎草科杂草的种类及生长特点

莎草科杂草的特点是茎实心,横断面常为三角形,叶基部具叶鞘,叶鞘的两侧边缘互相接合;某些种类的叶片已退化;花小,聚生成小穗,小穗外无叶状的苞片包围。花由一枚雌蕊和 2～3 枚雄蕊构成,生于特称为颖片的鳞片腋间。几乎所有种类均为风媒传粉。常见的莎草科杂草有以下两种:

(一)香附子(图 11 –24)

图 11 –24　香附子

多年生草本植物,具有地下横走根茎,顶端膨大成块茎,株高20～95厘米,散生。香附子能利用块茎和种子进行繁殖,地下块茎的最低发芽温度为13℃,适宜温度为30～35℃,40℃以上不能发芽。香附子较耐热,不耐寒,在－5℃以下开始死亡。豆田香附子一般在4月发芽出苗,7月抽穗开花,8～10月结子成熟。香附子可以通过风力、水流以及人畜进行种子传播,也可以通过地下块茎迅速繁殖。

(二)碎米莎草(图11－25)

图11－25 碎米莎草

一年生草本,秆丛生,直立,株高8～85厘米,扁三棱状。繁殖蔓延迅速,难以根除。喜湿润环境,但也耐旱,以种子繁殖。5～8月陆续都有小苗出土,6～7月达高峰,8～10月开花,9～10月结实,11月干枯。

二、莎草科杂草的防治

1. 合理轮作和耕作

在莎草科杂草发生严重的地区,可采用冬小麦收获后夏播玉米—棉花—大豆,玉米—甘薯—大豆等轮作方式,可有效减少田间莎草科杂草的发生。

另外,正确合理的深耕与翻耕,可有效地防除多年生莎草的危害。

2. 封闭除草剂

在大豆播后苗前使用。80 克灭草松对水 15～20 千克/亩喷雾土表。

3. 苗期除草

在杂草 3～5 叶期时,每亩用 48% 苯达松 150ml 对水 20～25 千克均匀喷雾。

4. 定期锄草

莎草科杂草极难根除,一般除草剂也是对其进行简单抑止。在莎草科杂草发生严重的地区,人工锄草需将其根部挖起才能更好地进行防治。

第十二章

其他因素对大豆的危害与防救策略

本章导读：本章讲述了粉尘、废气、废液、极端天气和野兔对大豆的危害以及预防对策。

第一节
粉尘对大豆的危害与防救策略

一、工业粉尘对大豆的危害与防救策略

（一）工业粉尘的发生及危害

工业粉尘是指工业固体物料在机械粉碎和研磨过程中，粉状物料在混合、筛分、包装及运输中，产生直径在 $10\mu m$ 以下的固体小颗粒，以及工业物质在燃烧过程中产生的烟尘，工业物质在被加热时产生的蒸气在空气中形成的氧化物和凝结物。

工业粉尘一般含有有毒的金属粉尘（铬、锰、镉、铅等）和非金属粉尘（汞、砷等）。

植物叶片因长时间积聚过多的颗粒物从而堵塞了气孔，使光合作用强度下降，呼吸减弱。同时，工业粉尘覆盖植物叶片使之吸收红外光辐射的能力增强，导致叶温增高，蒸腾速度加快，引起失水，使大豆发育不良。工业粉尘还会危害花粉和花柱，使大豆受精不良，造成"花而不实"现象。

（二）防救策略

应对工业粉尘，从专业的角度，只有在远离工业粉尘污染比较远的地方种植大豆。如果是大面积种植，可以在大豆田周边种植保护性的防护林，选种能有效吸收大气中工业粉尘的植物进行隔离。

二、农业粉尘对大豆的危害与防救策略

农业粉尘一般是指在农业生产或农业操作中产生的不含有金属

与有害物质的固体颗粒,一般直径比较大,用肉眼即可以看见。

(一)农业粉尘的发生及危害

在大豆生长季节中,其他作物,如小麦,在脱粒中产生的麦糠、面粉等固体物质会随风飞扬到大豆叶片表面;另外,大豆田周边其他土地在翻耕粉碎过程中,由于土壤干旱而扬起的尘土也会附着在大豆表面,造成大豆叶片气孔堵塞,影响大豆呼吸作用和光合作用。

(二)防救策略

一般来说,农业粉尘对大豆影响很小,并且其会随着风雨而逐渐消散。

第二节
废气对大豆的危害与防救策略

废气是指在工业、农业生产中产生的,短时间内不能被大气稀释分解,并且能够在大气层底部长期存在的有害气体。

一、废气的发生及危害

废气对大豆的危害程度与大豆的生长期、废气的浓度、天气等很多因素都有关,主要的废气有以下几种:

(一)二氧化硫

二氧化硫对农作物的危害多发生在大豆生理功能旺盛的成熟叶片上,而刚刚吐露出来的未成熟的幼叶和生理活动衰老的老叶不易受害。这与成熟叶片气孔开度最大有关,而二氧化硫主要通过气孔侵入。也正因为如此,二氧化硫危害也主要是从气孔周围的细胞开始,逐渐扩大到其他部分。受害的细胞叶绿体被破坏,组织脱水坏死,在形态上形成许多褐色的斑点。

(二) 氟化氢

大豆受氟化氢气体毒害时叶尖和叶缘部位会出现伤斑,受害伤斑与正常组织之间有一条明显暗红色界线。少数为脉间伤斑,幼叶易受伤。

(三) 酸雾

酸雾主要是含有硫酸、硝酸、盐酸等废气的雾,大豆受到酸雾危害后叶片会出现细密近圆形的坏死斑。

(四) 氯气

氯气使大豆叶片受害后会在脉间出现点块状伤斑,与正常组织之间界线模糊,或有过渡带。严重时,大豆全叶失绿成白色甚至脱落。

(五) 氨气

大豆受氨气危害后脉间会出现褐色或黑褐色点状伤斑,与正常组织之间界线明显。另外,症状一般出现较早、稳定得快。

(六) 二氧化氮

大豆受到二氧化氮危害后会在脉间出现不规则性伤斑,呈白色、黄色或棕色,有时出现全叶点状斑。

二、防救策略

首先,大豆的种植应该选择远离废气污染严重的区域,减少废气排放对大豆的接触距离;其次还应该选用适合该地区、适应性好、对废气有很好抵御能力的大豆品种;再次,可以在大豆田周边种植保护林,从而增强对废气的吸收。

第三节

废液对大豆的危害与防救策略

一、工业废液对大豆的危害与防救策略

(一)工业废液的发生及危害

工业废液包括生产废水和生产污水,是指工业生产过程中产生的废水和废液,其中含有随水流失的工业生产用料、中间产物、副产品以及生产过程中产生的污染物。按工业废水中所含主要污染物的化学性质,工业废液可分为:含无机污染物为主的无机废液、含有机污染物为主的有机废液、兼含有机物和无机物的混合废液、重金属废液、含放射性物质的废液和仅受热污染的冷却水。

目前尚未有研究表明工业废液对大豆生长过程中起严重危害,但是理论上讲,工业废液对大豆还是有一定的影响。例如,如果用含氮元素过多的工业废液对大豆进行灌溉,就会引起大豆徒长、倒伏、贪青、晚熟、易感染病虫害、颜色异常等症状。

(二)防救策略

尽量不使用工业废水对大豆进行灌溉,另外建立良好的大豆田灌溉和排水措施,一旦有工业废液流入大豆田,及时对大豆田进行大水漫灌和排水。

二、农业废液对大豆的危害与防救策略

农业废液主要指其他作物在进行农田管理中农药的残留,通过

河流、空气等介质传入不适应作物田,严重影响作物的生长发育。

(一) 农业废液的发生及危害

农业废液对大豆田的危害主要表现在除草剂上。例如玉米田常用的除草剂秀去津(40% 阿特拉津),在玉米田作业时会随风飘至周边 2 千米的距离,使大豆叶片出现生长慢、叶片黄化、枯死的情况。另外,如果大豆田周围使用阔叶除草剂,其农药残留会通过雨水等方式传入大豆田,使大豆田遭受严重影响。

(二) 防救策略

远离玉米等作物种植大豆,防止其他作物因使用除草剂对大豆造成药害;建立良好的大豆田灌溉和排水措施,一旦发现因降雨等原因使除草剂流入大豆田,及时对大豆田进行大水漫灌和排水。

第四节
恶劣天气对大豆的危害与防救策略

一、强对流天气对大豆的危害与防救策略

强对流天气指的是发生突然、天气剧烈、破坏力极强,常伴有雷雨大风、冰雹、龙卷风、局部强降雨等强烈对流性灾害天气,是具有重大杀伤性的灾害性天气之一。强对流天气发生于中小尺度天气系统,空间尺度小,一般水平范围在十几千米至二三百千米,有的水平范围只有几十米至十几千米。其生命史短暂并带有明显的突发性,为 1 小时至十几小时,较短的仅有几分至 1 小时。

(一) 强对流天气的发生及危害

强对流其实是空气强烈的垂直运动而导致的天气现象。最典型

的就是夏季午后的强对流天气:白天地面不断吸收太阳发出的短波辐射,温度上升,并且放出长波辐射加热大气。当近地面的空气从地球表面接受到足够的热量,就会膨胀,密度减小,这时大气处于不稳定的状态。近地面较热的空气在浮力作用下上升,并形成一个上升的湿热空气流。当上升到一定高度时,由于气温下降,空气中包含的水蒸气就会凝结成水滴或冰粒。当水滴下降时,又被更强烈的上升气流携升,如此反复不断,小水点开始积集成大水滴或大冰雹,直至高空气流无力支持其重量,最后下降成雨或冰雹。

强对流天气有时对大豆的影响是毁灭性的,特别是暴风雨和冰雹,可以直接吹断、砸断大豆,使大豆严重受灾。

(二)防救策略

☞ 在强对流天气多发地区建立抗灾稳产的农林牧结构,即多植树造林,增加森林覆盖率。

☞ 关注天气预报,根据天气抢时播种、收获。

☞ 在大豆田建立有效的排水系统,防止田间积水。

☞ 根据当地的情况选种优良的抗强对流天气灾害的作物品种,提高作物抗灾能力。

☞ 作物受灾后需及时采取补救措施。强对流天气灾害发生后,作物除遭受机械损伤外,还可能遭受许多间接危害。因此,应根据不同灾情、不同作物、不同生育期的抗灾能力等情况,及时采取补救措施。

二、连阴雨天气对大豆的危害与防救策略

连阴雨指连续3~5天以上的阴雨天气现象(中间可以有短暂的日照时间)。连阴雨天气的日降水量可以是小雨、中雨,也可以是大雨或暴雨。

（一）连阴雨的发生及危害

连阴雨的出现与影响中国雨带迁移的西风带和副热带高压系统的季节性变化有关，连阴雨天气出现的区域也有明显的季节变化。在大豆生长季节，连阴雨的雨区由南向北推移，与雨带位移的特点相一致。

在播种期间，连阴雨可能造成田间积水，无法正常播种；在播后至出苗期间，连阴雨会导致地温低，土壤湿度大，日照不足，使播在地里的作物种子呼吸作用减弱，生理活动受阻，根芽停止生长，出现大面积的烂种、死苗现象；在大豆生长初期，连阴雨可能造成大豆田大面积积水，情况严重者可使大豆大面积死亡；在大豆开花时期，连阴雨会严重影响大豆授粉，出现"花而不实"的现象，使结实率降低，大大降低大豆结荚；在大豆鼓粒期，连阴雨天气使空气和土壤长期潮湿，日照严重不足，影响大豆光合作用，使大豆严重减产；在大豆成熟收获期，连阴雨可造成大豆无法正常收割、晾晒，并使大豆发芽霉烂，导致减产。

（二）防救策略

☞ 在连阴雨多发地区建立抗灾稳产的农林牧结构，即多植树造林，增加森林覆盖率。

☞ 需要关注天气预报，根据天气抢时播种、收获。

☞ 在大豆田建立有效的排水系统，防止田间积水。

☞ 根据当地情况选种适合当地气候的大豆品种，最大限度地降低灾害。

第五节
野兔对大豆的危害与防救策略

一、野兔的发生及危害

近年来,由于国家加大对野生动物的保护,使野兔数量递年增长。野兔特别喜食豆苗、豆叶和豆粒。大豆播种中,野兔往往会对刚出土的豆瓣、豆苗进行啃食,造成大豆缺苗断垄,严重者可将整块豆田的豆苗吃光,对大豆生产造成的损失尤为突出。

二、防救策略

☞ 针对野兔嗅觉特别灵敏,对外界异味刺激反应强烈这一特性,可用小塑料包装袋,内垫吸水性材料如棉絮或柴草等,然后每袋注入50%乙酰甲胺磷乳油稀释液0.5千克,于大豆播种后出苗前埋于田间,袋口呈半开状,每亩大豆田放6袋,将其分布呈棋盘式,以后每隔5~7天向袋内注药一次,连注3~4次,其防治效果可达95%以上。

☞ 对比较重要的大豆品种,如试验材料可用防兔网进行圈围。

☞ 可以在野兔经常出没的地方设套、插小红旗等,也可起到一定的预防作用。

第十三章

大豆田常用农药使用及药害防治

本章导读：本章讲述了大豆常用农药的使用方法，并介绍了药害产生后的补救措施。

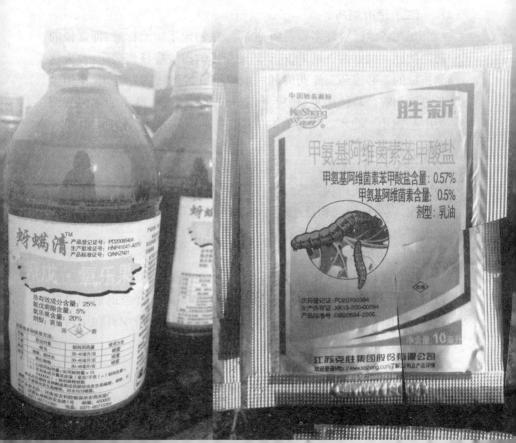

第一节

大豆常用农药的科学使用

一、科学用药注意事项

（一）对症下药

各类农药的品种很多,特点不同,应针对要防治的对象,选择最适合的品种,防止误用;并尽可能选用对天敌杀伤作用小的品种。

（二）适时施药

现在各地已对许多重要病、虫、草、鼠制定了防治标准,即常说的防治指标。根据调查结果,达到防治指标的田块应该施药防治,未达到指标的不必施药。施药时间一般根据有害生物的发育期、作物生长进度和农药品种而定,还应考虑田间天敌状况。既不能单纯强调"治早、治小",也不能错过有利时期。特别是除草剂,施用时既要看草情也要看"苗"情。

（三）适量施药

任何种类农药均需按照推荐用量使用,不能任意增减。为了做到准确,应将施用面积量准,药量和加水量称准,不能草率估计,以防造成作物药害或影响防治效果。

（四）均匀施药

喷布农药时必须使药剂均匀周到地分布在作物或被害物表面,以保证取得好的防治效果。现在使用的大多数内吸杀虫剂和杀菌剂,以向植株上部传导为主,称"向顶性传导作用",很少有向下传导的,因此也要喷洒均匀周到。

（五）合理轮换用药

多年实践证明,在一个地区长期连续使用单一品种农药,容易使有害生物产生抗药性,特别是一些菊酯类杀虫剂和内吸性杀菌剂,连续使用数年,防治效果即大幅度降低。轮换使用作用机制不同的品种,是延缓有害生物产生抗药性的有效方法之一。

（六）合理混用

合理地混用农药可以提高防治效果,延缓有害生物产生抗药性或兼治不同种类的有害生物,节省人力。混用的主要原则是:混用必须增效,不能增加对人、畜的毒性,有效成分之间不能发生化学变化,例如遇碱分解的有机磷杀虫剂不能与碱性强的石硫合剂混用。要随用随配,不宜贮存。有些商品农药可以混合使用,有的在混合后要立即使用,有些则不可以混合使用或没有必要混合使用。在考虑混合使用时,必须有目的,如为了提高药效;扩大杀虫、除草、防病或治病范围;同时兼治其他虫害、病害;收到迅速消灭或抑制病、虫、草危害的效果;防治抗性病、虫和草;或用混合使用方法来解决农药不足的问题等。但不可盲目混用,因为有些种类的农药混合使用时不仅起不到好的作用,反而会使药剂的质量变坏或使有效成分分解失效,浪费了药剂。

（七）注意安全采收间隔期

各类农药在施用后分解速度不同,残留时间长的品种,不能在临近收获期使用。

（八）注意保护环境

施用农药须防止污染附近水源、土壤等,一旦造成污染,可能影响水产养殖或人、畜饮水等,而且难于治理。按照使用说明书正确施药,一般不会造成环境污染。

二、安全使用农药注意事项

（一）施药人员应符合要求

☞ 施药人员应身体健康,经过专业技术培训,具备一定的植保知识,严禁儿童、老人、体弱多病者、经期、孕期、哺乳期妇女参与施用农药。

☞ 施药人员需要穿着防护服,不得穿短袖上衣和短裤进行施药作业;身体不得有暴露部分;防护服需穿戴舒适,厚实的防护服能吸收较多的药雾而不至于很快进入衣服的内侧,棉质防护服通气性好于塑料服;使用背负式手动喷雾器时,应穿戴防渗漏披肩;防护服要保持完好无损。施药作业结束后,应尽快把防护服清洗干净。

(二)施药时间应安全

1.应选择好天气施药

田间的温度、湿度、雨露、光照和气流等气象因子对施药质量影响很大。在刮大风和下雨等气象条件下施用农药,对药效影响很大,不仅污染环境,而且易使喷药人员中毒。刮大风时,药雾随风飘扬,使作物病菌、害虫、杂草表面接触到的药液减少;即使已附着在作物上的药液,也易被吹拂挥发,振动散落,大大降低防治效果;刮大风时,易使药液飘落到施药人员身上,增加中毒机会;刮大风时,如果施用除草剂,易使药液飘移,有可能造成药害。下大雨时,作物上的药液被雨水冲刷,既浪费了农药又降低了药效,且污染环境。应避免在雨天及风力大于3级(风速大于4米/秒)的条件下施药。

2.应选择适宜时间施药

在气温较高时施药,施药人员易发生中毒。由于气温较高,农药挥发量增加,田间空气中农药浓度上升,加之人体散热时皮肤毛细血管扩展,农药经皮肤和呼吸道吸入,引起中毒的危险性就增加。所以,喷雾作业时,应避免夏季中午高温(30℃以上)的条件下施药。夏季高温季节喷施农药,要在上午10时前和下午3时后进行。对光敏感的农药选择在上午10时以前或傍晚施用。施药人员每天喷药时间一般不得超过6小时。

(三)施药操作应规范

☞ 进行喷雾作业时,应尽量采用低容量的喷雾方式,把施药液量控制在 300 升/公顷以下,避免采用大容量喷雾方法。喷雾作业时的行走方向应与风向垂直,最小夹角不小于45°。喷雾作业时要保持人体处于上风方向喷药,实行顺风、隔行前进或退行,避免在施药区穿行。严禁逆风喷洒农药,以免药雾吹到操作者身上。

☞ 为保证喷雾质量和药效,在风速过大(大于 5 米/秒)和风向常变不稳时不宜喷药。特别是在喷洒除草剂时,当风速过大时容易引起雾滴飘移,造成邻近敏感作物药害。在使用触杀性除草剂时,喷头一定要加装防护罩,避免雾滴飘失引起的邻近敏感作物药害;另外,喷洒除草剂时喷雾压力不要太大,避免高压喷雾作业时产生的细小雾滴引起的雾滴飘失。

三、施药后的处理

(一)施药田块的处理

施过农药的田块,作物、杂草上都附有一定量的农药,一般经4~5 天会基本消失。因此,要在施用过农药的田块竖立明显的警示标志,在一定的时间内禁止人畜进入。

(二)残余药液及废弃农药包装的处理

1. 残余药液的处理

☞ 未喷完药液(粉)的处理。在该农药标签许可的情况下,对于少量的剩余药液,如果不可能在下一天继续使用,可在当天重复施用在目标物上。

☞ 农药喷施结束后,剩余的药剂或药粉必须保存在其原有的包装中,并密封储存于上锁的地方,不能用其他容器盛装农药,严禁用空饮料瓶分装剩余农药。要存放到儿童拿不到的地方。

2. 农药废弃包装的处理

农药包装废弃物一般沾有有毒有害的化学品,农药包装废弃物如果被随意弃之于河流、沟边、渠旁、田间、地头,污染地下水源,将会

223

对人类和环境造成极大的危害。如一些高分子树脂的塑料袋被日复一日地埋在土壤里,不但会浪费宝贵的土地,而且在自然环境下不易降解,可保留 200～700 年,污染环境,影响农作物生长。因此,农药的空容器和包装,必须妥善处理,不得随意乱丢,尤其不要弃之于田间地头。

(1)对常用农药废弃包装的处理

☞ 对金属类的农药容器应冲洗 3 次,砸扁后将其深埋于土壤中。

☞ 对塑料容器应冲洗 3 次,砸碎后掩埋或烧毁。

☞ 对玻璃瓶冲洗 3 次,砸碎后掩埋。

☞ 对纸包装烧毁或掩埋。

(2)对农药溢出物污染的包装和废弃物的处理 被农药溢出物污染的包装和废弃物必须集中在一个通风和远离人群、牲畜、住宅和作物以及不可能污染水井和水源的地方进行烧毁或掩埋。

(3)对特殊农药的包装处理要求

☞ 除草剂的包装不能焚烧,因燃烧时产生的烟雾有可能对作物产生药害。

☞ 装有植物生长调节剂类农药废弃物也不能采用焚烧的办法处理。

(4)废弃包装物处理安全注意事项

☞ 焚烧农药废弃物必须在远离住宅和作物的地方进行,操作人员在焚烧时不要站在烟雾中。要阻止儿童接近。

☞ 掩埋废容器和废包装应远离水源和居民点。

☞ 对于不能及时处理的农药容器,应妥善保管,以防被盗和滥用,同时要阻止儿童和牲畜接近。

☞ 不要用农药空容器盛装其他农药,更不能作为人畜的饮食用具。

（三）施药后的清洁与卫生

1. 施药器械的清洗

施过农药的器械不得在小溪、河流或池塘等水源中冲洗或洗涮，洗涮过施药器械的水应倒在远离居民点、水源和作物的地方。

2. 防护服的清洗

☞ 施药作业结束后，应立即脱下防护服及其他防护用具，装入事先准备好的塑料袋中带回处理。

☞ 带回的各种防护服、用具、手套等物品，应立即清洗。根据一般农药遇碱容易分解破坏的特点，可以用碱性物质对上述物品进行处理，如用碱水或肥皂水或草木灰水浸泡。草木灰是碱性物质，常用1千克草木灰加16千克水做成清洗液，待澄清后取上面的清液使用。若物品被农药原液污染，可将其先放入5%碱水或肥皂水中浸泡1~2小时，然后用清水清洗。

☞ 橡皮及塑料薄膜手套、围腰、胶鞋被农药原液污染，可将其放入10%碱水内浸泡30分，再用清水冲洗3~5遍，晾干备用。

3. 施药人员的清洗

☞ 应先用清水冲洗手、脚、脸等暴露部位，再用肥皂洗涤全身，并漱口换衣。施用敌百虫后，不能用碱性肥皂洗涤，而应使用中性肥皂洗涤。

☞ 对于使用了背负式喷雾器人员的腰背部，因污染较多，需反复清洗。有条件的地方最好采用淋浴，条件差的地方在用肥皂清洗后，用盆或桶装上温度适合的清水进行冲洗。

（四）用药档案记录

每次施药应记录天气状况、用药时间、药剂名称、防治对象、用药量、加水量、喷洒药液量、施用面积、防治效果、安全性等。

（五）农药的安全贮藏与保管

农药是特殊商品，如果贮藏不当，就会变质，甚至失效，也有产生其他有害作用的可能。要仔细制订购买计划，以缩短贮藏时间和避免过剩。农药的贮存条件要符合标签上的要求，尤其要避免将农药贮存在其限定温度以外的条件下。贮藏的农药在任何时候都必须做到安全、保险。

☞ 农药应专地储存,不能与粮食、蔬菜、瓜果、食品、日用品等混放。也不能和火碱、石灰、小苏打、碳酸氢铵、氨水、肥皂以及硝酸铵、硫酸铵、过磷酸钙等碱性或酸性物品同仓存放。另外,也不能和火柴、爆竹、火油、硫、木炭、纸屑等易燃易爆的物品放在一起。最好能单独储存在有锁的仓库或专用设施中,还应远离儿童、家禽、牲畜、动物饲料和水源,以消除一切造成污染的或误当其他物品的可能性。

☞ 农药和化肥不能贮放在同一仓库里。因为化肥和农药的品种都较多,而且它们的性质又各不相同。如化肥有易挥发的、易爆炸的,有酸性的,也有碱性的。农药也有易分解的、易燃的、易爆炸的,而且是有毒的,所以不能同库存放。

☞ 要把经农药处理过的种子单独存放,并在上面做上记号,以免误作粮食食用。

☞ 除草剂应该与其他农药分开储存,以免误将除草剂当杀虫剂使用,造成经济损失。

☞ 要定期检查农药包装的破损和渗漏情况。

☞ 对有破损和渗漏的包装和容器,要及时转移。

☞ 如果破损包装和容器中的农药仍可使用,可将它们重新包装,但必须装进贴有原始标签的容器。若没有原始容器,则必须将原始标签贴到新的包装容器的显著位置。

☞ 不要在溢出的农药旁吸烟或使用明火。对溢出的农药液体,应用土或锯木屑吸附,在仔细清扫后,将废渣埋在对水源和水井不会污染的地方。

☞ 要定期检查农药的有效期,对已过期的农药要及时销毁。

第二节

大豆药害防治 ························▶

一、大豆药害的症状与诊断

(一) 大豆药害的症状

大豆发生药害后,在其不同部位表现出一定的征象。药害发生较轻时,通过加强田间管理,可使大豆恢复正常的生长,一般不至于影响产量。但发生严重时,会导致大豆死亡,造成绝收。农药药害在大豆上一般表现以下症状:

1. 叶片

出现不同颜色、各种形状的斑点;叶片失绿、黄化、畸形、脱落等。

2. 花

主要在开花前或开花盛期用药时,引起"落花",提前凋谢或"花而不实"等。

3. 根

引起烂根或根尖变褐腐烂或畸形;根毛稀少。

4. 种子

主要是发芽率降低。

(二) 大豆药害的诊断

农药对大豆产生的药害,由于有病害因素、缺肥因素以及大豆生理障碍等因素的存在,从而使鉴别的难度增大。遇到施药后大豆生长异常的,诊断应注意以下几点:

☞ 大豆出现的异常症状在施药后短期内发生的,应核实所用的药剂品种、使用时期、用量和用法是否正确。

227

👉 调查临近大豆田块是否有相同的异常症状,以排除病害因素。

👉 熟悉大豆病害、药害和营养缺乏的症状及发生规律,并加以区别。

👉 利用生物培养法和解剖法,检查在大豆出现异常症状部位,有无病原菌存在和大豆组织细胞的变化。这是比较精确的诊断方法。

二、预防药害的基本原则

应积极主动采取有效的预防措施,避免药害发生。

👉 使用药剂前,仔细阅读说明书及有关资料或向植保部门咨询。

👉 请农业技术人员到田间地头,针对田间的主要杂草,耕作制度和当时的环境条件,为你选择合适的药剂和使用剂量。

👉 严格按照施药技术规程操作,做到"不重、不漏、不流"。

👉 妥善保管好药剂,防止包装标签脱落或腐蚀。若发现标签丢失,应立即贴上新标签,标明该药剂名称及施药方法。

👉 对用过药剂的喷雾机要及时清洗干净,程序是先用清水冲洗,然后用肥皂或 2% ~ 3% 碱水反复清洗数次,最后用清水冲洗干净。

👉 到有农资经营资格的门市部购买药剂并向其索取正式发票。

👉 对于自己未用过的药剂,如果想用,应先小面积试验,确定其安全性后,再大面积使用。

三、药害防救策略

 及时查田补种。对药害严重,造成死苗,形成缺苗断垄的地块应及时补种,把药害损失降到最低程度。

 增施肥料。当植株出现黄化、药害等症状时,可每公顷增施尿素 50 千克,以减轻药害程度。

 喷施植物生长调节剂。每公顷喷施云大 - 120 30 克 + 增产菌浓缩液 200 毫升,可缓解药害程度。

 采取促早熟增产措施。通过喷施叶面肥,加强田间中后期管理等措施来促使受害植株及早恢复生长,正常成熟。每公顷可喷施磷酸二氢钾 2.5 千克 + 思福叶面肥 1.5 千克 + 尿素 7.5 千克。

参考文献

[1]徐雪高.我国大豆生产区域布局变化与后期展望[J].农业
展望,2011(7):42.

[2]盖钧镒.作物育种学各论[M].北京:中国农业出版社,2006.

[3]卢为国,焦宏廷,文自翔.黄淮海夏大豆优质高产栽培技术
[M].郑州:中原农民出版社,2008.

[4]韩天富.大豆优质高产栽培技术指南[M].北京:中国农业科
学技术出版社,2005.

[5]陈应志.大豆关键技术百问百答[M].北京:中国农业出版
社,2005.

[6]孔凡杰.大豆缺素症症状分析与识别[J].现代农业科技,
2011(12):102.

[7]张秀芹.大豆缺素症及防治[J].农民致富之友,2009(5):
12.

[8]林汉明,常汝镇,邵桂花,等.中国大豆耐逆研究[M].中国农
业科学技术出版社,2009.

[9]宋晓昆,胡燕金,闫龙,等.持续高温对大豆品种萌发及幼苗
生长的影响[J].河北农业科学,2009,13(4):1-3.

[10]王连铮,韩天富.大豆研究50年[M].北京:中国农业科学
技术出版社,2010.

[11]葛慧玲,龚振平,马春梅,等.干旱处理对土壤水分变化及大
豆产量的影响[J].灌溉排水学报,2012(4):131-135.

[12]兰晶.大豆行间覆膜的栽培方法[J].养殖技术顾问,2012
(4):263.

[13]祁旭升,刘章雄,关荣霞,等.大豆成株期抗旱性鉴定评价方

法研究[J].作物学报,2012(4):665-66.

[14]周德录,李福,李城德,等.甘肃旱作农业区大豆全膜双垄沟播栽培技术[J].农业科技与信息,2012(38):5-6.

[15]王连铮,郭庆元.现代中国大豆[M].北京:金盾出版社,2007.

[16]林汉明等.中国大豆耐逆研究[M].北京:中国农业出版社,2009.

[17]孙宝华.关于污水灌溉问题的探讨[J].环境科学动态,2005(2):54-55.